歡迎加入 全華會員

● 會員獨享
　會員享購書折扣、紅利積點、生日禮金、不定期優惠活動……等。

● 如何加入會員
　掃 QRcode 或填妥讀者回函卡直接傳真 (02) 2262-0900 或寄回，將由專人協助登入會員資料，待收到 E-MAIL 通知後即可成為會員。

如何購買 全華書籍

1. 網路購書
　全華網路書店「http://www.opentech.com.tw」，加入會員購書更便利，並享有紅利積點回饋等各式優惠。

2. 實體門市
　歡迎至全華門市（新北市土城區忠義路 21 號）或各大書局選購。

3. 來電訂購
　(1) 訂購專線：(02) 2262-5666 轉 321-324
　(2) 傳真專線：(02) 6637-3696
　(3) 郵局劃撥（帳號：0100836-1　戶名：全華圖書股份有限公司）
　※ 購書未滿 990 元者，酌收運費 80 元。

OpenTech.com.tw 全華網路書店

全華網路書店 www.opentech.com.tw
E-mail: service@chwa.com.tw

※ 本會員制如有變更則以最新修訂制度為準，造成不便請見諒。

放輕鬆！多讀會考的！

（一）瓶頸要打開

肚子大瓶頸小，水一樣出不來！考試臨場像大肚小瓶頸的水瓶一樣，一肚子學問，一緊張就像細小瓶頸，水出不來。

（二）緊張是考場答不出的原因之一

考場怎麼解都解不出，一出考場就通了！很多人去考場一緊張什麼都想不出，一出考場**放輕鬆**了，答案馬上迎刃而解。出了考場才發現答案不難。

人緊張的時候是肌肉緊縮、血管緊縮、心臟壓力大增、血液循環不順、腦部供血不順、腦筋不清一片空白，怎麼可能寫出好的答案？

（三）親自動手做，多參加考試累積經驗

106-112 年度分科題解出版，還是老話一句，不要光看解答，自己**一定要動手親自做過每一題**，東西才是你的。

考試跟人生的每件事一樣，是經驗的累積。每次考試，都是一次進步的過程，經驗累積到一定的程度，你就會上。所以並不是說你不認真不努力，求神拜佛就會上。**多參加考試**，事後檢討修正再進步，你不上也難。考不上也沒損失，至少你進步了！

（四）多讀會考的，考上機會才大

多讀多做考古題，你就會知道考試重點在哪裡。**九華考題，題型系列**的書是你不可或缺最好的參考書。

祝　大家輕鬆、愉快、健康、進步

九華文教　陳木生 主任

☙ 感 謝 ❧

※ 本考試相關題解，感謝諸位老師編撰與提供解答。

※ 由於每年考試次數甚多，整理資料的時間有限，題解內容如有疏漏，煩請傳真指證。
我們將有專門的服務人員，儘速為您提供優質的諮詢。

※ 本題解提供為參考使用，如欲詳知真正的考場答題技巧與專業知識的重點。仍請您接
受我們誠摯的邀請，歡迎前來各班親身體驗現場的課程。

■ 配分表

科目	章節	高考 112	111	110	109	108	107	106	普考 112	111	110	109	108	107	106	章節配分加總
結構學	01.結構穩定、靜定性分析			20			25									45
	02.共軛梁法		20	25				25	25			25				120
	03.單位力法 卡二定理	25	25		25	25		25				25		25		175
	04.諧和變位法 最小功法	25	30		25		75	25								180
	05.傾角變位法 彎矩分配法			30	25	50		25								130
	06.對稱與反對稱結構		25		25		25									75
	07.影響線		25			25									25	75
	08.結構矩陣	25		25												50
	09.其他類型考題		25						50	75						150
	合計	75	150	100	100	100	125	100	75	75		50		25	25	1000

科目	章節	土木技師 112	111	110	109	108	107	106	結構技師 112	111	110	109	108	107	106	章節配分加總
結構學	01.結構穩定、靜定性分析															-
	02.共軛梁法															-
	03.單位力法 卡二定理		30	25				25	25						30	135
	04.諧和變位法 最小功法					25	30		25		25	25	25	25	20	200
	05.傾角變位法 彎矩分配法	30				25			25	25			25		30	160
	06.對稱與反對稱結構		30	25					25	25	25					130
	07.影響線					25		25	25	25	25			25		150
	08.結構矩陣				25					25	25	25	25			125
	09.其他類型考題								25	25			25	25	20	120
	合計	30	60	50	25	75	30	50	100	100	100	100	100	100	100	1020

科目	章節	基特三等 年度							基特四等 年度							章節配分加總
		112	111	110	109	108	107	106	112	111	110	109	108	107	106	
結構學	01.結構穩定、靜定性分析	25		25												50
	02.共軛梁法	25		25			25									75
	03.單位力法 卡二定理				25		25		25	25	25		25			150
	04.諧和變位法 最小功法	25														25
	05.傾角變位法 彎矩分配法	25	25		50	25	25									150
	06.對稱與反對稱結構			25												25
	07.影響線			25			25			25						75
	08.結構矩陣															-
	09.其他類型考題		50			25	25									100
	合計	100	75	100	75	50	75	50	25	50	25	-	25	-	-	650

科目	章節	司法特考 年度							章節配分加總
		112	111	110	109	108	107	106	
結構學	01.結構穩定、靜定性分析								-
	02.共軛梁法								-
	03.單位力法 卡二定理							20	20
	04.諧和變位法 最小功法					25	25		50
	05.傾角變位法 彎矩分配法	50	50		25				125
	06.對稱與反對稱結構			25					25
	07.影響線					25	25		50
	08.結構矩陣			25					25
	09.其他類型考題								-
	合計	50	50	50	25	25	50	45	295

目　錄

1 結構穩定、靜定性分析
Chapter 重點內容摘要

（一）靜（不）定度判斷公式：$R = b + r + s - 2j$

　　R：靜不定度（Redundant）

　　b：桿件數（beam）

　　r：支承反力數（reaction force）

　　s：結構所有節點有效剛接總數；節點有效剛接數＝該節點剛接桿件數 − 1

　　j：節點數（joint）

（二）結構穩定性的判斷方式

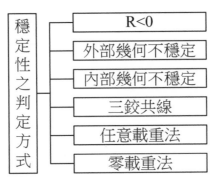

參考題解

一、試判別以下結構是否為穩定結構，如為穩定結構請判別其為靜定或超靜定結構，並敘明其超靜定之次數。（25 分）

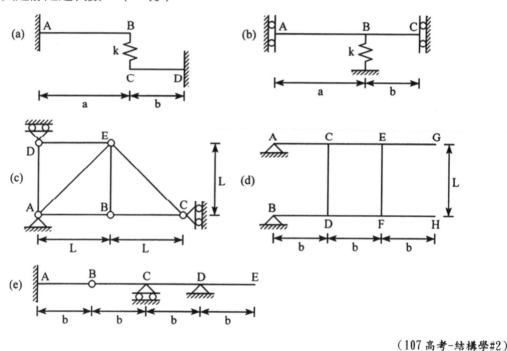

（107 高考-結構學#2）

參考題解

（一）圖(a)為穩定結構，超靜定度 $R_e = 1$ 之超靜定結構。

（二）圖(b)為穩定結構，當為樑（無水平向負載）時，為超靜定度 $R_e = 1$ 之超靜定結構。當為剛架（有水平向負載）時，為超靜定度 $R_e = 2$ 之超靜定結構。

（三）圖(c)為不穩定結構，所有支承力均通過 A 點。

（四）圖(d)為穩定結構，超靜定度 $R_e = 4$ 之超靜定結構。

（五）圖(e)為穩定結構，當為樑（無水平向負載）時，為超靜定度 $R_e = 1$ 之超靜定結構。當為剛架（有水平向負載）時，為超靜定度 $R_e = 2$ 之超靜定結構。

二、圖中有（1）、（2）、（3）、（4）四個平面結構物，小圓符號代表鉸接或滾接，否
　　則為剛接。請判定它們為不穩定結構或穩定結構？若為不穩定結構，請說明不穩定原
　　因；若為穩定結構，請判別其靜不定的次數 R。（R＝0，即表示為靜定結構。）（20
　　分）

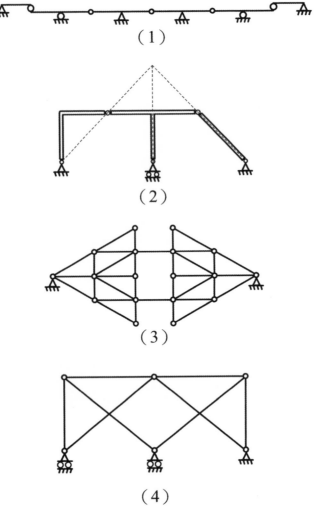

（1）

（2）

（3）

（4）

（110 高考－結構學#1）

參考題解

（一）不穩定

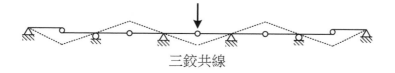

三鉸共線

（二）不穩定

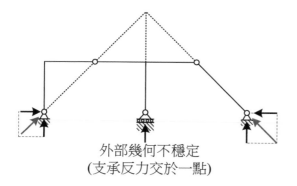

外部幾何不穩定
（支承反力交於一點）

（三）不穩定

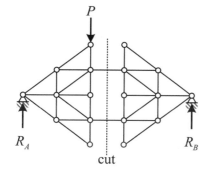

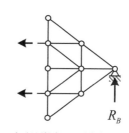

內部幾何不穩定
（垂直力無法平衡）

（四）不穩定

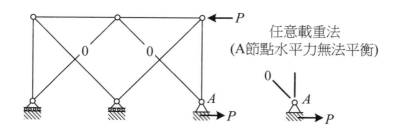

任意載重法
（A節點水平力無法平衡）

三、試判斷以下圖示各結構系統之靜定度（determinacy）及穩定度（stability），若為靜不定（或超靜定）結構則另說明其為幾度靜不定。並請明確說明該判斷之原因。（（一）、（二）、（三）每小題 3 分，（四）、（五）、（六）、（七）每小題 4 分，共 25 分）

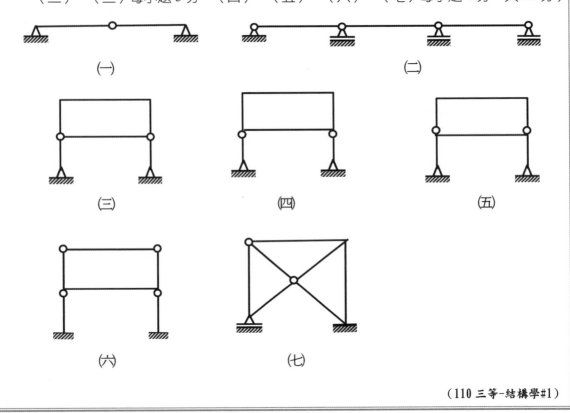

（一）　　　　　　　　　　　　　（二）

（三）　　　　　　　（四）　　　　　　　（五）

（六）　　　　　　　　（七）

（110 三等-結構學#1）

參考題解

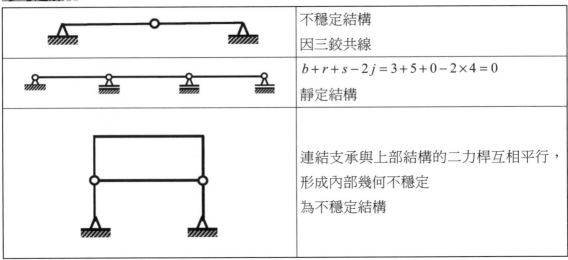	不穩定結構 因三鉸共線
	$b+r+s-2j=3+5+0-2\times4=0$ 靜定結構
	連結支承與上部結構的二力桿互相平行，形成內部幾何不穩定 為不穩定結構

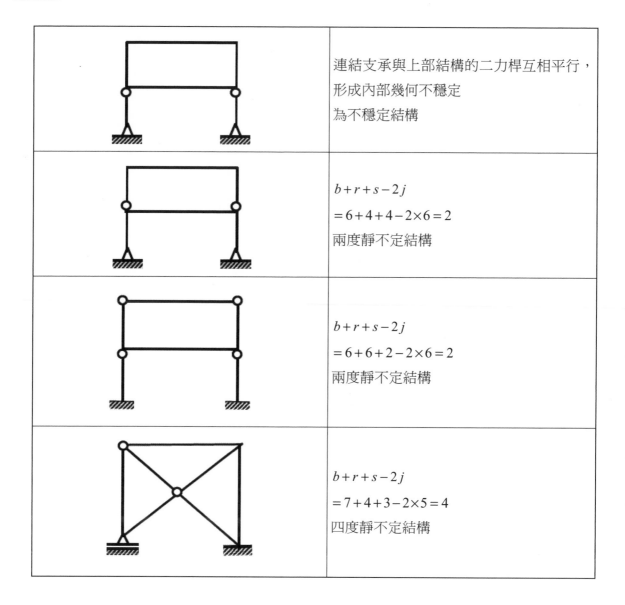

	連結支承與上部結構的二力桿互相平行，形成內部幾何不穩定 為不穩定結構
	$b+r+s-2j$ $=6+4+4-2\times6=2$ 兩度靜不定結構
	$b+r+s-2j$ $=6+6+2-2\times6=2$ 兩度靜不定結構
	$b+r+s-2j$ $=7+4+3-2\times5=4$ 四度靜不定結構

四、請判斷以下各結構是否為穩定？若為穩定,進一步判斷是靜定或靜不定？若為靜不定,
　　進一步判斷其靜不定度。圖中粗黑線表示抗彎桿件,而細黑線兩端有空心圓者表示為
　　桁架二力桿件。（25 分）

(1)
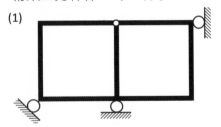

(2)
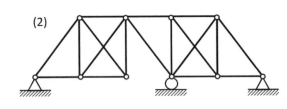

(3)
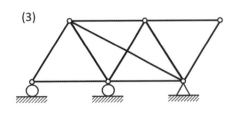

(4)
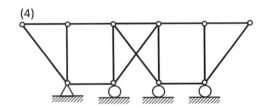

(5)
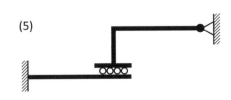

（112 三等-結構學#1）

參考題解

（1）若結構的水平尺寸與垂直尺寸一樣。則
　　會形成「支承反力交於一點」的「外部幾
　　何不穩定」結構

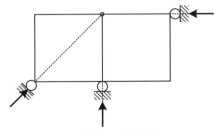

（2）$b=18$　$r=5$　$S=0$　$j=10 \Rightarrow R=b+r+S-2j=3$,為三度靜不定結構

（3）$b=10$　$r=4$　$S=0$　$j=6 \Rightarrow R=b+r+S-2j=2$,為二度靜不定結構

（4）$b=15$　$r=5$　$S=0$　$j=10 \Rightarrow R=b+r+S-2j=0$,為靜定結構

（5）$b=3$　$r=5$　$S=1$　$j=4 \Rightarrow R=b+r+S-2j=1$,為一度靜不定結構

PS：內部定向接續,該處的有效剛接數 $s=0$

Chapter **2** 共軛梁法
重點內容摘要

（一）共軛梁的正負規則

　　1. 採第四象限規則

　　　（1）正的彎矩曲率 $\dfrac{M}{EI}$ → 對應「向下的載重 w」

　　　　　負的彎矩曲率 $\dfrac{M}{EI}$ → 對應「向上的載重 w」

　　　（2）共軛梁上的「正剪力」→ 對應至原梁的「順時針」旋轉角 θ

　　　　　共軛梁上的「負剪力」→ 對應至原梁的「逆時針」旋轉角 θ

　　　（3）共軛梁上的「正彎矩」→ 對應至原梁的「向下」位移 Δ

　　　　　共軛梁上的「負彎矩」→ 對應至原梁的「向上」位移 Δ

　　2. 採第一象限規則

　　　（1）正的彎矩曲率 $\dfrac{M}{EI}$ → 對應「向上的載重 w」

　　　　　負的彎矩曲率 $\dfrac{M}{EI}$ → 對應「向下的載重 w」

　　　（2）共軛梁上的「正剪力」→ 對應至原梁的「逆時針」旋轉角 θ

　　　　　共軛梁上的「負剪力」→ 對應至原梁的「順時針」旋轉角 θ

　　　（3）共軛梁上的「正彎矩」→ 對應至原梁的「向上」位移 Δ

　　　　　共軛梁上的「負彎矩」→ 對應至原梁的「向下」位移 Δ

（二）支承轉換關係

　　1. 外鉸支承、外滾支承 ⇒ 不變

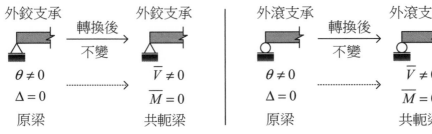

2. 自由端與固定端⇔互換

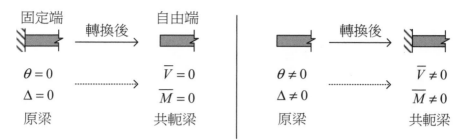

固定端	轉換後	自由端
$\theta = 0$		$\overline{V} = 0$
$\Delta = 0$		$\overline{M} = 0$
原梁		共軛梁

	轉換後	
$\theta \neq 0$		$\overline{V} \neq 0$
$\Delta \neq 0$		$\overline{M} \neq 0$
原梁		共軛梁

3. 內鉸（滾）支承、內連接⇔互換

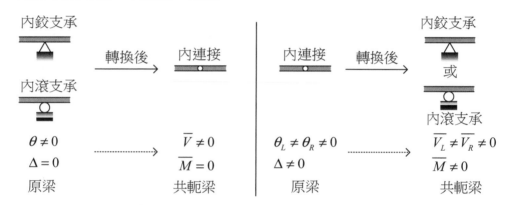

內鉸支承 內滾支承	轉換後	內連接
$\theta \neq 0$		$\overline{V} \neq 0$
$\Delta = 0$		$\overline{M} = 0$
原梁		共軛梁

內連接	轉換後	內鉸支承 或 內滾支承
$\theta_L \neq \theta_R \neq 0$		$\overline{V_L} \neq \overline{V_R} \neq 0$
$\Delta \neq 0$		$\overline{M} \neq 0$
原梁		共軛梁

（三）解題步驟

1. 繪出結構彎矩圖後，轉換為彎矩曲率 $\dfrac{M}{EI}$ 圖

2. 將彎矩曲率 $\dfrac{M}{EI}$ 當成載重 w 加至梁上

3. 進行原梁與共軛梁之間的支承轉換

4. 原梁欲求點的轉角 θ = 即為共軛梁上的剪力值 $\overline{V}$

　原梁欲求點的位移 Δ = 即為共軛梁上的彎矩值 $\overline{M}$

$$\theta = \overline{V}$$
$$\Delta = \overline{M}$$

一、如圖所示梁結構，a 點為鉸支承，b、f、g 點皆為滾支承，c 點及 e 點為鉸接，各桿件都有相同之彈性模數 E 值與慣性矩 I 值，且 $EI = 100000 \ kN - m^2$，d 點承受垂直集中載重 48 kN。請採用共軛梁法求 c 點及 d 點的垂直位移。（若以其他方法計算不予計分）（25 分）

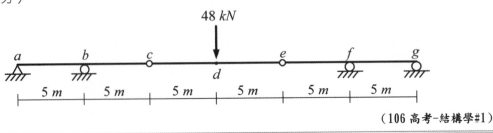

（106 高考–結構學#1）

參考題解

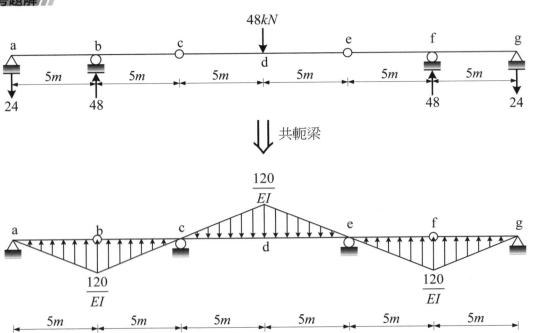

（一）切開 b 點，取 ab 自由體

$$\sum M_b = 0 \; , \; \overline{R}_a \times 5 = \left(\frac{1}{2} \times 5 \times \frac{120}{EI}\right)\left(5 \times \frac{1}{3}\right) \; \therefore \overline{R}_a = \frac{100}{EI}$$

$$\sum F_y = 0 \; , \; \overline{R}_a + \overline{V}_b = \frac{1}{2} \times 5 \times \frac{120}{EI} \; \therefore \overline{V}_b = \frac{200}{EI}$$

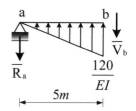

（二）切開 c 點左側，取 abc 自由體

$$\sum M_c = 0 \; , \; \overline{R}_a \times 10 + \overline{M}_c = \left(\frac{1}{2} \times 10 \times \frac{120}{EI}\right)(5)$$

$$\therefore \overline{M}_c = \frac{2000}{EI}$$

$$\therefore \Delta_c = \frac{2000}{EI} = \frac{2000}{100000} = 0.02m(\downarrow)$$

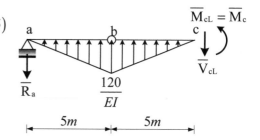

（三）切開 b、d，取 bcd 自由體

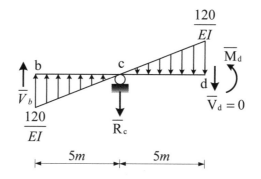

$$\sum M_c = 0 \; , \; \overline{V}_b \times 5 + \left(\frac{1}{2} \times 5 \times \frac{120}{EI}\right)\left(5 \times \frac{2}{3}\right) + \left(\frac{1}{2} \times 5 \times \frac{120}{EI}\right)\left(5 \times \frac{2}{3}\right) = \overline{M}_d$$

$$\therefore \overline{M}_d = \frac{3000}{EI}$$

$$\therefore \Delta_d = \frac{3000}{EI} = \frac{3000}{100000} = 0.03m(\downarrow)$$

二、下圖桿件 ABCDE 中，C 點為鉸接點，已知 EI = 常數。在圖示載重下，試以共軛梁法求 D 點的反力。（25 分）（限採共軛梁法，採其他方法不計分）。

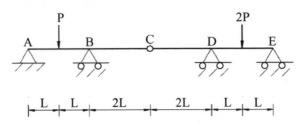

（106 三等-結構學#3）

參考題解

（一）參下圖所示，取 D 點支承反力 R_D 為贅餘力，可得

$$R_E = \frac{3P}{2} - \frac{R_D}{2} \;;\; V_C = \frac{P}{2} - \frac{R_D}{2} \;;\; R_A = \frac{R_D}{2}$$

樑之 M/EI 圖如下圖中所示。

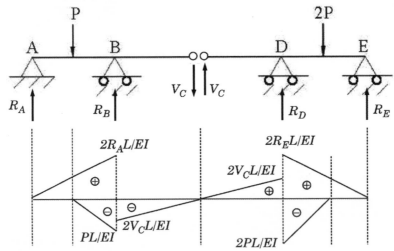

（二）繪共軛樑如下圖所示，其中

$$\overline{F}_1 = \frac{2R_A L^2}{EI} \ ; \ \overline{F}_2 = \frac{PL^2}{2EI} \ ; \ \overline{F}_3 = \frac{2V_C L^2}{EI} \ ; \ \overline{F}_4 = \frac{2R_E L^2}{EI} \ ; \ \overline{F}_5 = \frac{PL^2}{EI}$$

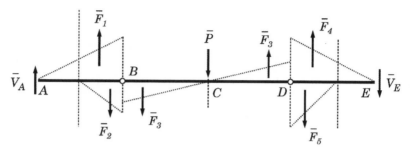

（三）由共軛樑 AB 段，可得 B 點剪力為

$$\overline{V}_B = \frac{\overline{F}_1\left(\dfrac{4L}{3}\right) - \overline{F}_2\left(\dfrac{5L}{3}\right)}{2L} = \frac{L^2}{EI}\left(\frac{2R_D}{3} - \frac{5P}{12}\right) \qquad ①$$

由共軛樑 D E 段可得，可得 D 點剪力為

$$\overline{V}_D = \frac{-\overline{F}_4\left(\dfrac{4L}{3}\right) + \overline{F}_5\left(\dfrac{5L}{3}\right)}{2L} = \frac{L^2}{EI}\left(\frac{2R_D}{3} - \frac{7P}{6}\right) \qquad ②$$

（四）再由共軛樑 BCD 段可得

$$\sum \overline{M}_C = \overline{F}_3\left(\frac{4L}{3} + \frac{4L}{3}\right) - \overline{V}_B(2L) - \overline{V}_D(2L) = 0$$

將①式及②式代入上式，可解得

$$R_D = \frac{35P}{32}(\uparrow)$$

三、如下圖所示連續梁結構，*a* 點為固定端，*c* 點及 *e* 點為滾支承，*b* 點及 *d* 點為鉸接，各桿件都有相同之彈性模數 *E* 值與慣性矩 *I* 值，且 *EI* = 100000 *kN-m²*，*f* 點承受垂直集中載重 60 *kN*。請採用共軛梁法求 *b* 點及 *f* 點的垂直位移。

（使用其他方法一律不予計分）（25 分）

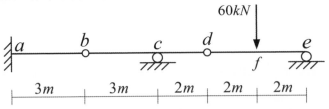

（109 普考-結構學概要與鋼筋混凝土學概要#1）

參考題解

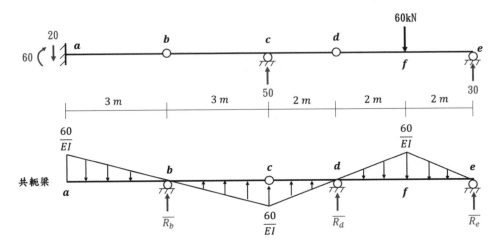

（一）計算共軛梁 $\overline{R_b}$、$\overline{R_d}$、$\overline{R_e}$

1. 自 *c* 點切開，取左半自由體

$$\Sigma M_c = 0 \text{ , } \left(\frac{60}{EI} \times 3 \times \frac{1}{2}\right)\left(\frac{2}{3} \times 3 + 3\right) = \overline{R_b} \times 3 + \left(\frac{60}{EI} \times 3 \times \frac{1}{2}\right)\left(\frac{1}{3} \times 3\right)$$

$$\rightarrow \overline{R_b} = \frac{120}{EI}$$

2. 整體 $\Sigma M_e = 0$，$\left(\dfrac{60}{EI} \times 3 \times \dfrac{1}{2}\right)\left(\dfrac{2}{3} \times 3 + 9\right) + \left(\dfrac{60}{EI} \times 2 \times 1\right) \times 2 = \dfrac{120}{EI} \times 9 +$

$\left(\dfrac{60}{EI} \times 3 \times \dfrac{1}{2}\right)\left(\dfrac{1}{3} \times 3 + 6\right) + \left(\dfrac{60}{EI} \times 2 \times \dfrac{1}{2}\right)\left(\dfrac{2}{3} \times 2 + 4\right) + \overline{R_d} \times 4$

$\rightarrow \overline{R_d} = -\dfrac{200}{EI}$

3. 整體 $\Sigma F_y = 0$ ，$\left(\dfrac{60}{EI} \times 3 \times \dfrac{1}{2}\right) + \left(\dfrac{60}{EI} \times 2\right) = \overline{R_b} + \left(\dfrac{60}{EI} \times 3 \times \dfrac{1}{2}\right) + \overline{R_d} +$

$\left(\dfrac{60}{EI} \times 2 \times \dfrac{1}{2}\right) + \overline{R_e} \qquad \rightarrow \overline{R_e} = \dfrac{140}{EI}$

（二）

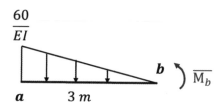

1. $\Sigma M_b = 0$ ，$\overline{M_b} + \left(\dfrac{60}{EI} \times 3 \times \dfrac{1}{2}\right)\left(\dfrac{2}{3} \times 3\right) = 0 \qquad \rightarrow \overline{M_b} = -\dfrac{180}{EI}$

$\therefore \quad \Delta_b = \dfrac{180}{EI} = \dfrac{180}{100,000} = 0.0018\ m\ (\uparrow)$

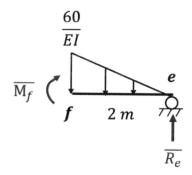

2. $\Sigma M_f = 0$ ，$\overline{M_f} + \left(\dfrac{60}{EI} \times 2 \times \dfrac{1}{2}\right)\left(\dfrac{1}{3} \times 2\right) = \overline{R_e} \times 2 \qquad \rightarrow \overline{M_f} = \dfrac{240}{EI}$

$\therefore \quad \Delta_f = \dfrac{240}{EI} = \dfrac{240}{100,000} = 0.0024\ m\ (\downarrow)$

四、圖為一水平梁，此梁 AC 段及 BC 段之斷面性質不同，AC 段為 EI、BC 段則為剛性（EI = ∞），相關尺寸配置如圖所示。若於梁的 A 端施加一彎矩 M，試以共軛梁法求解此梁最大的垂直位移及其與 A 點的距離，另亦求解 A 點之轉角。（本題以其他方法求解，一律不予計分）。（25 分）

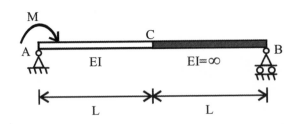

（110 高考－結構學#2）

參考題解

（一）計算共軛梁支承反力

$$F_1 = \frac{1}{2} \times \frac{1}{2}\frac{M}{EI} \times L = \frac{1}{4}\frac{ML}{EI}$$

$$F_2 = \frac{1}{2} \times \frac{M}{EI} \times L = \frac{1}{2}\frac{ML}{EI}$$

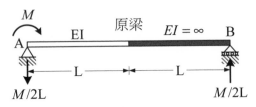

1. $\sum M_A = 0$ ， $F_1 \times \frac{L}{3} + F_2 \times \frac{L}{2} = \overline{R}_B \times 2L$

$$\therefore \overline{R}_B = \frac{1}{6}\frac{ML}{EI}$$

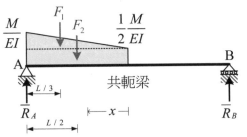

2. $\sum F_y = 0$ ， $\overline{R}_A + \overline{R}_B = F_1 + F_2$

$$\therefore \overline{R}_A = \frac{7}{12}\frac{ML}{EI}$$

（二）A 點轉角

$$V_A = \overline{R}_A = \frac{7}{12}\frac{ML}{EI} \quad \therefore \theta_A = \frac{7}{12}\frac{ML}{EI} \ (\curvearrowright)$$

（三）假設原梁 Δ_{max}（共軛梁 $\overline{M}_{max}$）發生在 C 點左側 x 處

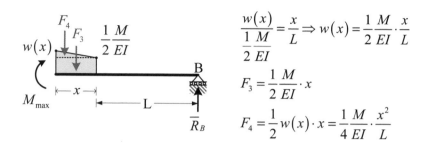

$$\frac{w(x)}{\frac{1}{2}\frac{M}{EI}}=\frac{x}{L}\Rightarrow w(x)=\frac{1}{2}\frac{M}{EI}\cdot\frac{x}{L}$$

$$F_3=\frac{1}{2}\frac{M}{EI}\cdot x$$

$$F_4=\frac{1}{2}w(x)\cdot x=\frac{1}{4}\frac{M}{EI}\cdot\frac{x^2}{L}$$

1. $\sum F_y=0$，$F_3+F_4=\overline{R}_B\Rightarrow\frac{1}{2}\frac{M}{EI}x+\frac{1}{4}\frac{M}{EI}\frac{x^2}{L}=\frac{1}{6}\frac{ML}{EI}$

$$\Rightarrow 3x^2+6xL-2L^2=0\quad\therefore x=\begin{cases}0.291L\\-2.291L（不合）\end{cases}$$

2. $\Delta_{\max}$ 發生在距 A 點右側 $L-x$ 處 $\Rightarrow L-x=L-0.291L=0.709L$

   $\therefore\Delta_{\max}$ 與 A 點的距離為 $0.709L$

3. 計算 $\overline{M}_{\max}$

   （1）當 $x=0.291L$時 $\Rightarrow\begin{cases}F_3=\dfrac{1}{2}\dfrac{M}{EI}x=0.1455\dfrac{ML}{EI}\\[2mm]F_4=\dfrac{1}{4}\dfrac{M}{EI}\dfrac{x^2}{L}=0.0212\dfrac{ML}{EI}\end{cases}$

   （2）$\sum M_B=0$，$F_4\times\left(L+\dfrac{2}{3}x\right)+F_3\left(L+\dfrac{x}{2}\right)=\overline{M}_{\max}$

   $$\Rightarrow 0.0212\frac{ML}{EI}\times1.194L+0.1455\frac{ML}{EI}\times1.1455L=\overline{M}_{\max}$$

   $$\Rightarrow\overline{M}_{\max}=0.192\frac{ML^2}{EI}\quad\therefore\Delta_{\max}=0.192\frac{ML^2}{EI}(\downarrow)$$

五、一外伸簡支梁 ABC，其中 A 端為鉸支承、B 為滾支承、C 端為自由端。AB、BC 分別長 6 m 及 2 m，撓曲剛度為常數 EI。全梁承受一均佈載重 12 kN/m（如下圖所示）。試使用共軛梁法（the conjugate beam method）求出：

（一）鉸支承 A 端之傾角。（10 分）

（二）自由端 C 之垂直變位。（15 分）

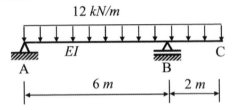

（110 三等-結構學#3）

參考題解

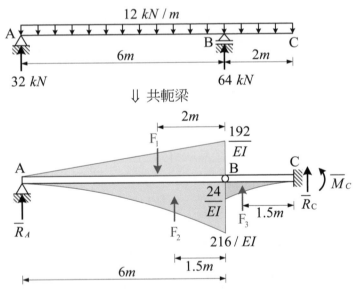

$$F_1 = \frac{1}{2} \times \frac{192}{EI} \times 6 = \frac{576}{EI}$$

$$F_2 = \frac{1}{3} \times \frac{216}{EI} \times 6 = \frac{432}{EI}$$

$$F_3 = \frac{1}{3} \times \frac{24}{EI} \times 2 = \frac{16}{EI}$$

（一）切開 B 點，取出 AB 自由體

$$\sum M_B = 0 , \ \overline{R}_A \times 6 + F_2 \times 1.5 = F_1 \times 2$$

$$\therefore \overline{R}_A = \frac{84}{EI}$$

$$\overline{V}_A = \overline{R}_A = \frac{84}{EI} \quad \therefore \theta_A = \frac{84}{EI}(\curvearrowright)$$

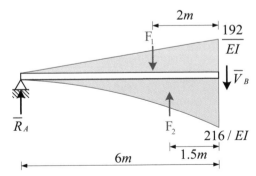

（二）對整體取 $\sum M_C = 0 \Rightarrow \overline{R}_A \times 8 + F_2 \times 3.5 + F_3 \times 1.5 = F_1 \times 4 + \overline{M}_C \Rightarrow \overline{M}_C = -\dfrac{96}{EI}$

$$\therefore \Delta_C = \frac{96}{EI}(\uparrow)$$

六、如下圖大梁 AB，A 點是鉸支承，B 點是滾接支承，假若 EI 為固定值，請以共軛梁法詳細計算梁在 B 點的轉角與 C 點的撓度（使用其他方法一律不予計分），構件自重不計。（每小題 5 分，共 20 分）

（一）劃出共軛梁承受彈性載重圖。

（二）求出共軛梁，梁端反力。

（三）計算梁在 B 點的轉角。

（四）計算梁 C 點的撓度。

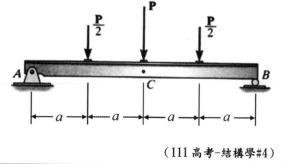

（111 高考-結構學#4）

參考題解

（一）共軛梁彈性載重圖

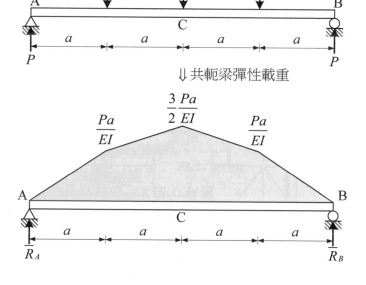

（二）共軛梁梁端反力

共軛梁上總載重：$F = \dfrac{1}{2} \times 2a \times \left(\dfrac{1}{2}\dfrac{Pa}{EI} \right) + \dfrac{1}{2}(2a+4a) \times \left(\dfrac{Pa}{EI} \right) = \dfrac{7}{2}\dfrac{Pa^2}{EI}$

由於共軛梁受力對稱：$\overline{R}_A = \overline{R}_B = \dfrac{F}{2} = \dfrac{7}{4}\dfrac{Pa^2}{EI}$

（三）B 點轉角

$\overline{V}_B = -\overline{R}_B = -\dfrac{7}{4}\dfrac{Pa^2}{EI}$ $\therefore \theta_B = \dfrac{7}{4}\dfrac{Pa^2}{EI}$ （$\curvearrowleft$）

（四）C 點撓度

$\sum M_C = 0$，$\overline{R}_A \times 2a = \overline{M}_C + F_1 \times \dfrac{4}{3}a + F_2 \times \dfrac{a}{2} + F_3 \times \dfrac{a}{3}$

$\Rightarrow \dfrac{7}{4}\dfrac{Pa^2}{EI} \times 2a = \overline{M}_C + \left(\dfrac{1}{2}\dfrac{Pa^2}{EI} \right) \times \dfrac{4}{3}a + \left(\dfrac{Pa^2}{EI} \right) \times \dfrac{a}{2} + \left(\dfrac{1}{4}\dfrac{Pa^2}{EI} \right) \times \dfrac{a}{3}$

$\Rightarrow \overline{M}_C = \dfrac{9}{4}\dfrac{Pa^3}{EI}$ $\therefore \Delta_C = \dfrac{9}{4}\dfrac{Pa^3}{EI}$ （$\downarrow$）

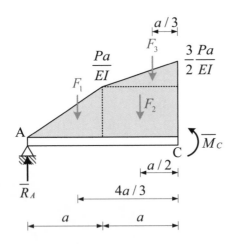

$F_1 = \dfrac{1}{2} \cdot \dfrac{Pa}{EI} \cdot a = \dfrac{1}{2}\dfrac{Pa^2}{EI}$

$F_2 = \dfrac{Pa}{EI} \cdot a = \dfrac{Pa^2}{EI}$

$F_3 = \dfrac{1}{2} \cdot \dfrac{1}{2}\dfrac{Pa}{EI} \cdot a = \dfrac{1}{4}\dfrac{Pa^2}{EI}$

七、有一靜定結構及其受力如下圖所示。忽略剪力變形以及幾何非線性，在小位移狀態之
下試回答下列問題：

（一）繪製如下靜定結構之彎矩圖。（5分）

（二）不限方法，試求圖中 C 點左側梁部分的轉角。（10分）

（三）使用共軛梁法求圖中 C 點的向下位移。（10分）

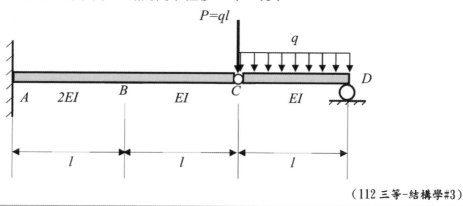

（112 三等–結構學#3）

參考題解

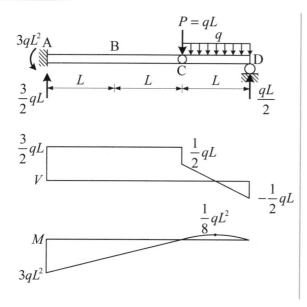

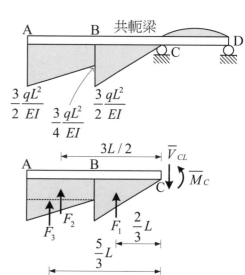

（一）繪製彎矩圖（上圖左）

（二）繪製共軛梁（上圖右）

（三）切開 C 點左側，取出 ABC 自由體，計算共軛梁上 C 點左側的剪力 $\overline{V}_{cL}$ 與彎矩 $\overline{M}_c$

1.　$F_1 = \dfrac{1}{2} \times \dfrac{3}{2}\dfrac{qL^2}{EI} \times L = \dfrac{3}{4}\dfrac{qL^3}{EI}$　　$F_2 = \dfrac{3}{4}\dfrac{qL^2}{EI} \times L = \dfrac{3}{4}\dfrac{qL^3}{EI}$

　　$F_3 = \dfrac{1}{2} \times \dfrac{3}{4}\dfrac{qL^2}{EI} \times L = \dfrac{3}{8}\dfrac{qL^3}{EI}$

2.　$\sum F_y = 0$, $\overline{V}_{cL} = F_1 + F_2 + F_3 = \dfrac{15}{8}\dfrac{qL^3}{EI}$　$\therefore \theta_{cL} = \dfrac{15}{8}\dfrac{qL^3}{EI}$　$(\frown)$

3.　$\sum M_c = 0$, $\overline{M}_c = F_1 \times \dfrac{2}{3}L + F_2 \times \dfrac{3}{2}L + F_3 \times \dfrac{5}{3}L \Rightarrow \overline{M}_c = \dfrac{1}{2}\dfrac{qL^4}{EI} + \dfrac{9}{8}\dfrac{qL^4}{EI} + \dfrac{5}{8}\dfrac{qL^4}{EI} = \dfrac{9}{4}\dfrac{qL^4}{EI}$

　　$\therefore \Delta_c = \dfrac{9}{4}\dfrac{qL^4}{EI}$　$(\downarrow)$

八、已知簡支梁的長度 L，材料楊氏係數 E，斷面二次矩 I，且 EI 為常數。不考慮結構自重影響。

（一）試以共軛梁法推導圖示簡支梁一端受彎矩 M_0 作用時中點（$x = L/2$）變位大小 $\Delta = M_0 L^3 / (16EI)$。（15 分）

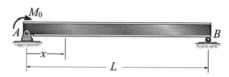

（二）試以疊加法決定圖示簡支梁兩端受相反向彎矩 M_0 作用時的梁中點變位大小。（10 分）

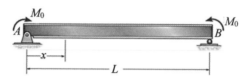

（112 普考-結構學概要與鋼筋混凝土學概要#2）

參考題解

（一）對共軛梁整體取 $\sum M_A = 0$

$$\Rightarrow \frac{1}{2}\frac{M_0}{EI} \times L \times \frac{L}{3} = \overline{R}_B \times L \quad \therefore \overline{R}_B = \frac{1}{6}\frac{M_0 L}{EI}$$

（二）切開共軛梁中點 C，取出 BC 段 $\sum M_C = 0$

$$\Rightarrow \left(\frac{1}{2} \times \frac{M_0}{2EI} \times \frac{L}{2}\right)\left(\frac{L}{2} \times \frac{1}{3}\right) + \overline{M}_C = \overline{R}_B{}^{\frac{1}{6}\frac{M_0 L}{EI}} \times \frac{L}{2}$$

$$\therefore \overline{M}_C = \frac{1}{16}\frac{M_0 L^2}{EI} \Rightarrow \Delta_C = \frac{1}{16}\frac{M_0 L^2}{EI} \quad (\downarrow)$$

（三）$\Delta_C = \frac{1}{16}\frac{M_0 L^2}{EI} + \frac{1}{16}\frac{M_0 L^2}{EI} = \frac{1}{8}\frac{M_0 L^2}{EI} \quad (\downarrow)$

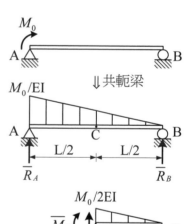

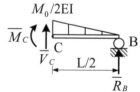

【備註】題目給的 $\Delta = \frac{1}{16}\frac{M_0 L^3}{EI}$ 有誤，應為 $\Delta = \frac{1}{16}\frac{M_0 L^2}{EI}$

3 單位力法（含卡二定理）
Chapter
重點內容摘要

單位力法

（一）公式

1. 桁架結構

（1）一般外力：

$$1 \cdot \Delta = \sum u \cdot \frac{NL}{EA}$$

（2）廣義外力：

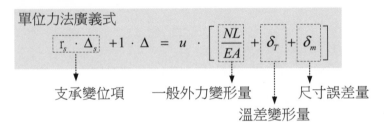

單位力法廣義式

$$\boxed{r_s \cdot \Delta_s} + 1 \cdot \Delta = u \cdot \left[\boxed{\frac{NL}{EA}} + \boxed{\delta_T} + \boxed{\delta_m} \right]$$

支承變位項　　一般外力變形量　　尺寸誤差量

溫差變形量

（3）正負規則

① u 與 $\frac{NL}{EA}$：拉為正、壓為負

② $\delta_T = \alpha \Delta T L$：升溫為正、降溫為負

③ δ_m：過長為正、不足為負

④ $r_s \cdot \Delta_s$：r_s 與 Δ_s 同向為正、反向為負

2. 梁、剛架結構（不計軸向變形）

（1）一般外力：

$$1 \cdot \Delta = \int m \cdot \frac{M}{EI} dx \xrightarrow{\text{體積積分}} \int m \cdot \frac{M}{EI} dx = \sum A_i y_i$$

（2）廣義外力（受不均勻溫差）：

$$1 \cdot \Delta = \int m \cdot \frac{M}{EI} d_x + \int m \cdot \kappa_T d_x$$

不均勻溫差造成的曲率

一般外力造成的曲率

（3）正負規則

①m 與 $\frac{M}{EI}$：正彎矩為正、負彎矩為負（內力符號規則）

②$\kappa_T = \dfrac{\alpha \Delta T}{h}$：正曲率為正、負曲率為負

3. 組合結構：

$$1 \cdot \Delta = \sum n \cdot \frac{NL}{EA} + \int m \cdot \frac{M}{EI} dx$$

（二）解題步驟

1. 計算外力作用下造成的真實變形

2. 於「欲求點位方向」施加一單位力（矩），計算單位外力（矩）造成的虛擬內力

3. 帶入前述公式，便可求得欲求點位方向的變位值

卡二定理

（一）公式：$\Delta_P = \dfrac{\partial U}{\partial P}$

1. 桁架：$U = U_N = \sum \dfrac{1}{2} \dfrac{N^2 L}{EA} \Rightarrow \Delta_P = \dfrac{\partial U}{\partial P} = \sum \dfrac{\partial N}{\partial P} \times \dfrac{NL}{EA}$

2. 梁、剛架：$U = U_M = \int \dfrac{1}{2} \dfrac{M^2}{EI} dx \Rightarrow \Delta_P = \dfrac{\partial U}{\partial P} = \int \dfrac{\partial M}{\partial P} \times \dfrac{M}{EI} dx$

3. 組合結構：$U = U_N + U_M = \sum \dfrac{1}{2} \dfrac{N^2 L}{EA} + \int \dfrac{1}{2} \dfrac{M^2}{EI} dx$

$$\Delta_P = \dfrac{\partial U}{\partial P} = \sum \dfrac{\partial N}{\partial P} \times \dfrac{NL}{EA} + \int \dfrac{\partial M}{\partial P} \times \dfrac{M}{EI} dx$$

（二）解題步驟

    1. 計算結構的應變能函數。

    2. 帶入前述公式，可求得 P 力作用方向上的變位值 Δ_P。

（三）使用技巧

    1. 欲求點變位方向上無力量作用時

       於欲求點變位方向施加一假想力 P，計算此狀態下的結構應變能，接著將該應變能對 P 偏微分後，再令 P 為零，可得欲求點變位。

    2. 欲求點變位方向上受的力量為「數值力」，而非「代數力」時

       將該「數值力」轉換為「代數力 P」，計算此狀態下的結構應變能，接著將該應變能對該「代數力 P」偏微分，最後將「代數力 P」對應的數值帶回，可得欲求點變位。

參考題解

一、如圖所示之桁架結構，d 點為鉸支承，e 點為滾支承，各桿件都有相同之彈性模數 E 值與斷面積 A 值，且 $EA = 54000\ kN$，c 點承受水平集中載重 $12\ kN$。求 c 點的水平位移與垂直位移。（25 分）

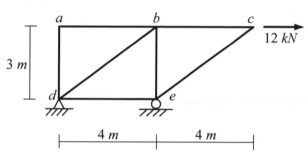

（106 高考–結構學#2）

參考題解

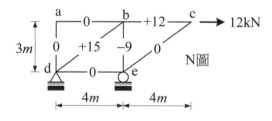

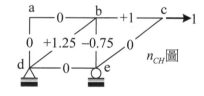

$$\Delta_{CH} = \sum n_{CH} \frac{NL}{EA} = \frac{162}{EA} = \frac{162}{54000} = 0.003m\,(\rightarrow)$$

$$\Delta_{CV} = \sum n_{CV} \frac{NL}{EA} = \frac{216}{EA} = \frac{216}{54000} = 0.004m\,(\downarrow)$$

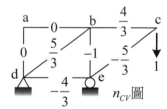

桿件	N	L	n_{CH}	n_{CV}	$n_{CH}NL$	$n_{CV}NL$
ab	0	4	0	0	0	0
bc	12	4	1	4 / 3	48	64
ad	0	3	0	0	0	0
bd	15	5	1.25	5 / 3	93.75	125
be	−9	3	−0.75	−1	20.25	27
ce	0	5	0	−5 / 3	0	0
de	0	4	0	−4 / 3	0	0
$\sum$					162	216

【補充 1】

ae 點的相對位移為何？ce 桿的旋轉角又為何？

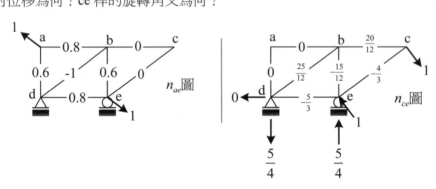

桿件	N	L	n_{ae}	$n_{c/e}$	$n_{ae}NL$	$n_{c/e}NL$
ab	0	4	0.8	0	0	0
bc	12	4	0	20 / 12	0	80
ad	0	3	0.6	0	0	0
bd	15	5	−1	25 / 12	−75	156.25
be	−9	3	0.6	−15 / 12	−16.2	33.75
ce	0	5	0	−4 / 3	0	0
de	0	4	0.8	−5 / 3	0	0
$\sum$					−91.2	270

$$\Delta_{ae} = \sum n_{ae} \frac{NL}{EA} = \frac{-91.2}{EA} = \frac{-91.2}{54000} = -0.00168 \, m \text{（相互靠近）}$$

$$\Delta_{c/e} = \sum n_{c/e} \frac{NL}{EA} = \frac{270}{EA} = \frac{270}{54000} = 0.005 \, m \Rightarrow \theta_{ce} = \frac{0.005}{5} = 0.001 \, rad \, (\curvearrowright)$$

【補充 2】

試計算下列情況下，c 點的垂直位移 Δ_{CV}

（一）bc 桿過長 2 mm，bd 桿不足 1 mm

（二）be 桿升溫 40℃，ce 桿降溫 30℃（桿件溫度膨脹係數 $\alpha = 10^{-5} / ℃$）

（三）d 支承向左側移 1 mm，e 支承向下沉陷 2 mm

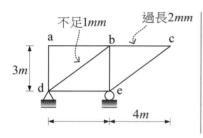 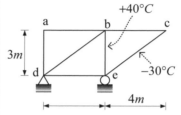 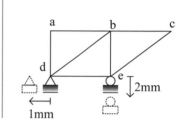

【解】

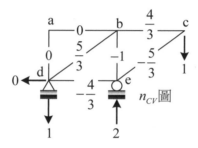

n_{CV} 圖

（一）$1 \cdot \Delta_{CV} = \sum n\delta_m \Rightarrow \Delta_{CV} = \frac{4}{3}(+0.002) + \frac{5}{3}(-0.001) = 0.001m \ (\downarrow)$

（二）$\delta_{be} = \alpha\Delta TL = 10^{-5}(40)(3) = 0.0012 \ m$

$\delta_{ce} = \alpha\Delta TL = 10^{-5}(-30)(5) = -0.0015 \ m$

$1 \cdot \Delta_{CV} = \sum n\delta_T \Rightarrow \Delta_{CV} = (-1)(0.0012) + \left(-\frac{5}{3}\right)(-0.0015) = 0.0013 \ m \ (\downarrow)$

（三）$r_s\Delta_s + 1 \cdot \Delta_{CV} = 0 \Rightarrow 0(0.001) + (-2 \times 0.002) + \Delta_{CV} = 0 \ \therefore \Delta_{CV} = 0.004 \ m \ (\downarrow)$

二、下圖桁架其材料彈性係數 E 為 200 GPa，所有桿件之斷面積均為 150 mm²，於 D 點施加 $P = 4 \, kN$ 力作用。試求出此桁架之總應變能 U，並利用求出之應變能計算 D 點之垂直位移 δ_D(mm)。（25 分）

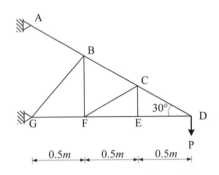

（106 土技-結構分析#4）

參考題解

計算單位：N、m、焦耳 $J = N - m$

$$EA = \left(200 \times 10^9 \, \frac{N}{m^2} \right) \left(150 \times 10^{-6} m^2 \right)$$
$$= 3 \times 10^7 \, N$$

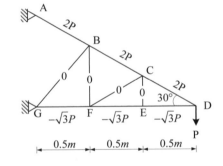

（一）各桿件內力如右圖所示

（二）各桿應變能（零力桿未列入表中）

桿件	桿件內力 N	桿件長度 L(m)	各桿應變能 $U = \dfrac{1}{2} \dfrac{N^2 L}{EA}$
AB	$2P$	$\dfrac{1}{\sqrt{3}}$	$\dfrac{1}{2} \dfrac{4P^2 \left(1/\sqrt{3} \right)}{EA}$
BC	$2P$	$\dfrac{1}{\sqrt{3}}$	$\dfrac{1}{2} \dfrac{4P^2 \left(1/\sqrt{3} \right)}{EA}$
CD	$2P$	$\dfrac{1}{\sqrt{3}}$	$\dfrac{1}{2} \dfrac{4P^2 \left(1/\sqrt{3} \right)}{EA}$
DE	$-\sqrt{3}P$	0.5	$\dfrac{1}{2} \dfrac{3P^2 \left(0.5 \right)}{EA}$

桿件	桿件內力 N	桿件長度 L(m)	各桿應變能 $U = \dfrac{1}{2}\dfrac{N^2 L}{EA}$
EF	$-\sqrt{3}P$	0.5	$\dfrac{1}{2}\dfrac{3P^2(0.5)}{EA}$
FG	$-\sqrt{3}P$	0.5	$\dfrac{1}{2}\dfrac{3P^2(0.5)}{EA}$
$\sum$			$\dfrac{1}{2}\dfrac{12P^2\left(1/\sqrt{3}\right)}{EA} + \dfrac{1}{2}\dfrac{9P^2(0.5)}{EA}$

（三）結構總應變能（計算單位：N、m、J）

$$U = \frac{1}{2}\frac{12P^2\left(1/\sqrt{3}\right)}{EA} + \frac{1}{2}\frac{9P^2(0.5)}{EA}$$

$$= \frac{1}{2}\frac{12(4000)^2\left(1/\sqrt{3}\right)}{3\times10^7} + \frac{1}{2}\frac{9(4000)^2(0.5)}{3\times10^7}$$

$$= 1.847 + 1.2 = 3.047J$$

（四）D 點垂直位移（計算單位：N、m、J）

$$\delta_D = \frac{\partial U}{\partial P} = \frac{\partial\left[\dfrac{1}{2}\dfrac{12P^2\left(1/\sqrt{3}\right)}{EA} + \dfrac{1}{2}\dfrac{9P^2(0.5)}{EA}\right]}{\partial P} = \frac{1}{2}\frac{24P\left(1/\sqrt{3}\right)}{EA} + \frac{1}{2}\frac{18P(0.5)}{EA}$$

$$= \frac{1}{2}\frac{24(4000)\left(1/\sqrt{3}\right)}{3\times10^7} + \frac{1}{2}\frac{18(4000)(0.5)}{3\times10^7}$$

$$= 0.924\times10^{-3} + 0.6\times10^{-3}$$

$$= 1.524\times10^{-3}m = 1.524mm\left(\downarrow\right)$$

三、圖為平面桁架結構，尺寸與水平載重如圖所示，點 A 和點 E 為鉸支承，所有桿件的彈
性模數 E 與斷面積 A 皆為定值。試求：

（一）各桿件之內力

（需註明拉力或壓力）。（15 分）

（二）結點 C 之水平位移

（需註明方向）。（15 分）

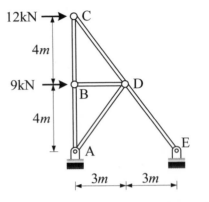

（106 結技-結構學#1）

參考題解

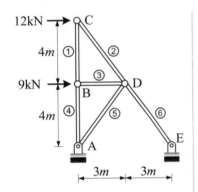

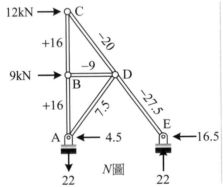

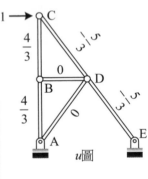

桿件	N	u	L	uNL
①	16	$\frac{4}{3}$	4	$\frac{256}{3}$
②	−20	$-\frac{5}{3}$	5	$\frac{500}{3}$
③	−9	0	3	0
④	16	$\frac{4}{3}$	4	$\frac{256}{3}$
⑤	7.5	0	5	0
⑥	−27.5	$-\frac{5}{3}$	5	$\frac{687.5}{3}$
合計				566.5

$$1 \cdot \Delta_C = \sum n \frac{NL}{EA} = \frac{566.5}{EA} \ (\rightarrow)$$

四、如下圖所示之 1/4 圓形曲梁，曲梁為均勻實心圓斷面，其中 AOB 位在同一平面（in plane）上。A 為固端，R＝半徑，EI＝撓曲剛度，GJ＝扭轉剛度。考慮曲梁於自由端 B 在 AOB 平面之面外（out of plane）上受一向下之垂直力 P 作用，計算 B 之變形。（20 分）

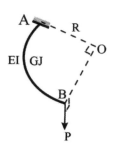

（106 司法-結構分析#3）

參考題解

（一）設定如下圖所示之座標系，並在 B 處施加 x 向及 y 向的虛設力（Q_1 與 Q_2）。

令 C 斷面之力隅矩為 $\vec{M}_C = M_x\hat{i} + M_y\hat{j} + M_z\hat{k}$，可有

$$\sum \vec{M}_C = \vec{M}_C + \left(\overrightarrow{CO} + \overrightarrow{OB}\right) \times \vec{Q} = \vec{0}$$

上式中 $\vec{Q} = Q_1\hat{i} + Q_2\hat{j} - P\hat{k}$。由上式可得

$$M_x = PR(1-\sin\beta) \ ; \ M_y = PR\cos\beta$$

$$M_z = Q_1 R(1-\sin\beta) + Q_2 R\cos\beta$$

再由座標轉換成公式，得 C 斷面之彎矩（M_t、M_k）及扭矩（T_n）分別為

$$\begin{bmatrix} M_t \\ T_n \\ M_k \end{bmatrix} = \begin{bmatrix} \cos\beta & \sin\beta & 0 \\ -\sin\beta & \cos\beta & 0 \\ 0 & 0 & 1 \end{bmatrix} \begin{bmatrix} M_x \\ M_y \\ M_z \end{bmatrix} = \begin{bmatrix} PR\cos\beta \\ PR(1-\sin\beta) \\ Q_1 R(1-\sin\beta) + Q_2 R\cos\beta \end{bmatrix}$$

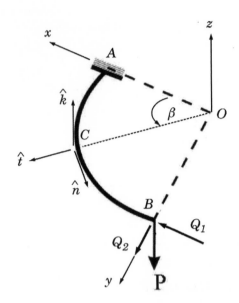

（二）系統應變能 U 可表為

$$U = \int_0^{\pi/2} \frac{M_t^{\,2}}{2EI} R d\beta + \int_0^{\pi/2} \frac{M_k^{\,2}}{2EI} R d\beta + \int_0^{\pi/2} \frac{T_n^{\,2}}{2GJ} R d\beta$$

依卡氏定理 B 點在 x、y 及 z 向之位移分別為

$$\Delta_x = \frac{\partial U}{\partial Q_1}\Big|_{Q_1 = Q_2 = 0} = 0$$

$$\Delta_y = \frac{\partial U}{\partial Q_2}\Big|_{Q_1 = Q_2 = 0} = 0$$

$$\Delta_z = \frac{\partial U}{\partial P}\Big|_{Q_1 = Q_2 = 0}$$

$$= \frac{PR^3}{EI} \int_0^{\pi/2} (\cos\beta)^2 \, d\beta + \frac{PR^3}{GJ} \int_0^{\pi/2} (1 - \sin\beta)^2 \, d\beta$$

$$= \frac{PR^3}{4} \left[\frac{\pi}{EI} + \frac{(3\pi - 8)}{GJ} \right] (\downarrow)$$

五、如圖所示構架，試求 C 點之垂直及水平位移。（25 分）

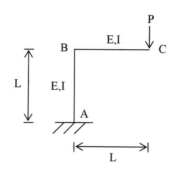

（107 三等–結構學#4）

參考題解

（一）求支承力並繪 M/EI 圖，如圖(a)所示，其中

$$A_1 = \frac{PL^2}{2EI} \ ; \ A_2 = \frac{PL^2}{EI}$$

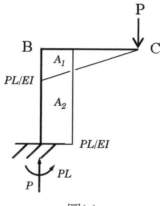

圖(a)

（二）如圖(b)所示，在 C 點施一垂直向單位力，並繪彎矩圖，其中

$$y_1 = \frac{2L}{3} \ ; \ y_2 = L$$

依單位力法，C 點垂直位移 C_V 為

$$C_V = A_1 \cdot y_1 + A_2 \cdot y_2 = \frac{4PL^3}{3EI} (\downarrow)$$

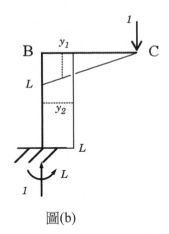 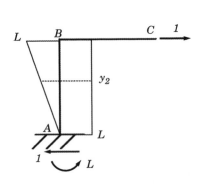

圖(b)　　　　　　　　　　圖(c)

（三）如圖(c)所示，在 C 點施一水平向單位力，並繪彎矩圖，其中

$$y_1 = 0 \; ; \; y_2 = L - \frac{L}{2} = \frac{L}{2}$$

依單位力法，C 點之水平位移 C_H 為

$$C_H = A_2 \cdot y_2 = \frac{PL^3}{2EI} (\rightarrow)$$

六、如圖中之桁架，各桿件都有相同之楊氏係數 E 及斷面積 A。今於 C 點處施加一水平力 P，試求：

（一）支撐處 A 點及 D 點之反力及所有桿件之軸力各為何？請繪製該桁架，標示支撐處反力大小及方向，並將桿件受力寫在桿件旁，張力為正，壓力為負。（20 分）

（二）H 點之水平位移為何？（須註明向右或向左）（5 分）

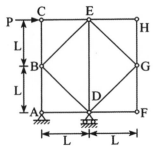

（107 普考-結構學概要與鋼筋混凝土學概要#2）

參考題解 ///

（一）計算支承反力

1. $\sum M_A = 0$, $R_D \times L = P \times 2L$ $\therefore R_D = 2P(\uparrow)$

2. $\sum F_y = 0$, $R_A + R_D = 0$ $\therefore R_A = -2P(\downarrow)$

3. $\sum F_x = 0$, $H_A + P = 0$ $\therefore H_A = -P(\leftarrow)$

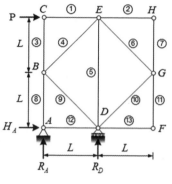

（二）以節點法計算各桿內力

1. H 節點：$\begin{cases} S_2 = 0 \\ S_7 = 0 \end{cases}$

2. F 節點：$\begin{cases} S_{11} = 0 \\ S_{13} = 0 \end{cases}$

3. G 節點：$\begin{cases} S_6 = 0 \\ S_{10} = 0 \end{cases}$

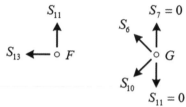

∴桁架右半部的 6 根桿件均為零桿

4. C 節點：$\begin{cases} S_1 = P（壓力）\\ S_3 = 0 \end{cases}$

$P \rightarrow \overset{C}{\circ} \leftarrow S_1$
$\downarrow$
S_3

5. E 節點：

$$\sum F_x = 0 \ , \ S_4 \times \frac{1}{\sqrt{2}} = P \ \therefore S_4 = \sqrt{2}P（拉力）$$

$$\sum F_y = 0 \ , \ S_4 \times \frac{1}{\sqrt{2}} = S_5 \ \therefore S_5 = P（壓力）$$

$S_1 = P \rightarrow \overset{E}{\circ} \rightarrow S_2 = 0$
$S_4 \swarrow \ \uparrow S_5 \ \searrow S_6 = 0$

6. B 節點：

$$\sum F_x = 0 \ , \ S_4 \times \frac{1}{\sqrt{2}} = S_9 \times \frac{1}{\sqrt{2}} \ \therefore S_9 = \sqrt{2}P（壓力）$$

$$\sum F_y = 0 \ , \ S_4 \times \frac{1}{\sqrt{2}} + S_9 \times \frac{1}{\sqrt{2}} = S_8 \ \therefore S_8 = 2P（拉力）$$

$S_3 = 0 \ \uparrow$
$\ \nearrow S_4 = \sqrt{2}P$
$\circ \ B$
$\downarrow \ \searrow$
$S_8 \ S_9$

7. A 節點：

$$\sum F_x = 0 \ , \ S_{12} + H_A = 0 \ \therefore S_{12} = P（拉力）$$

$S_8 = P \ \uparrow$
$H_A = -P \rightarrow \overset{A}{\circ} \rightarrow S_{12}$
$\uparrow$
$R_A = -P$

（三）支承反力與各桿內力如下圖（圖左）所示：

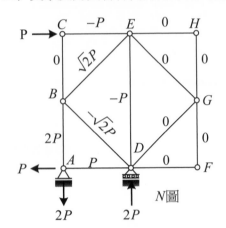

*N*圖

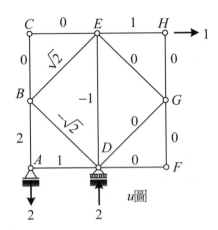

*u*圖

（四）以單位力法計算 H 點水平位移⇒於 H 點施加一單位向右水平力，此時各桿內力圖如上
　　圖（圖右）

$$1 \cdot \Delta_{H,H} = \sum n \frac{NL}{EA}$$
$$= \frac{\left(7 + 4\sqrt{2}\right)PL}{EA}(\rightarrow)$$

桿件	N	u	桿件長 L	uNL
①	$-P$	0	L	0
②	0	1	L	0
③	0	0	L	0
④	$\sqrt{2}P$	$\sqrt{2}$	$\sqrt{2}L$	$2\sqrt{2}PL$
⑤	$-P$	-1	$2L$	$2PL$
⑥	0	0	$\sqrt{2}L$	0
⑦	0	0	L	0
⑧	$2P$	2	L	$4PL$
⑨	$-\sqrt{2}P$	$-\sqrt{2}$	$\sqrt{2}L$	$2\sqrt{2}PL$
⑩	0	0	$\sqrt{2}L$	0
⑪	0	0	L	0
⑫	P	1	L	PL
⑬	0	0	L	0
$\sum$				$\left(7 + 4\sqrt{2}\right)PL$

七、試以單位力法求解下圖所示梁端 C 點之垂直變位（以其他方法求解一律不予計分）。
（25分）

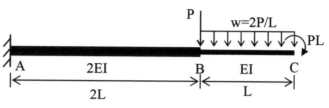

（108 高考-結構學#2）

參考題解

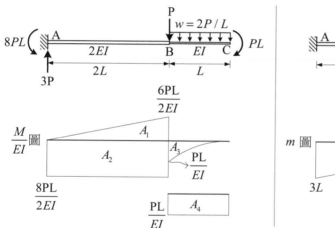

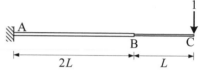

（一）以 B 為假想固定端，繪製其 $\dfrac{M}{EI}$ 圖。

（二）對 C 點施加一單位向下垂直力，繪製其 m 圖。

（三）計算 A_i、y_i：

$$A_1 = \frac{1}{2}\left(\frac{6PL}{2EI} \times 2L\right) = 3\frac{PL^2}{EI} \qquad y_1 = -\left(L + 2L \times \frac{1}{3}\right) = -\frac{5}{3}L$$

$$A_2 = -\left(\frac{8PL}{2EI} \times 2L\right) = -8\frac{PL^2}{EI} \qquad y_2 = -2L$$

$$A_3 = -\frac{1}{3}\left(\frac{PL}{EI} \times L\right) = -\frac{1}{3}\frac{PL^2}{EI} \qquad y_3 = -\left(L \times \frac{3}{4}\right) = -\frac{3}{4}L$$

$$A_4 = -\left(\frac{PL}{EI} \times L\right) = -\frac{PL^2}{EI} \qquad y_4 = -\frac{1}{2}L$$

（四）計算 Δ_C：

$$1\cdot\Delta_C = \int m\frac{M}{EI}dx = \sum A_i y_i$$

$$= A_1 y_1 + A_2 y_2 + A_3 y_3 + A_4 y_4$$

$$= \left(3\frac{PL^2}{EI}\right)\left(-\frac{5}{3}L\right) + \left(-8\frac{PL^2}{EI}\right)(-2L) + \left(-\frac{1}{3}\frac{PL^2}{EI}\right)\left(-\frac{3}{4}L\right) + \left(-\frac{PL^2}{EI}\right)\left(-\frac{1}{2}L\right)$$

$$= \frac{47}{4}\frac{PL^3}{EI} \ (\downarrow)$$

八、如下圖所示之桁架結構，包含支承節點之所有節點均為鉸接點，所有桿件之楊氏係數 E 與斷面積 A 之乘積 EA 均為相同。外力作用於節點 e 及 f 如圖所示，試求所有支承反力及桿件內力，請繪製該桁架結構，並標示支承處反力，桿件內力標示於桿件旁，拉力為正(+)，壓力為負(−)，最後並計算外力作用下 b 點之水平位移。（25分）

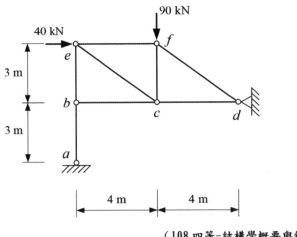

（108 四等-結構學概要與鋼筋混凝土學概要#2）

參考題解

（一）桿件內力與支承反力如下圖左所示。

（二）施加一單位水平力向右（如下圖右），計算各桿內力後（n 圖），以單位力法求解 b 點水平變位。

$$\Delta_b = \sum n\frac{NL}{EA} = (-1)\left(\frac{40\times4}{EA}\right) = -\frac{160}{EA} \ (\leftarrow)$$

B 點水平變位大小為 $\dfrac{160}{EA}$，方向向左

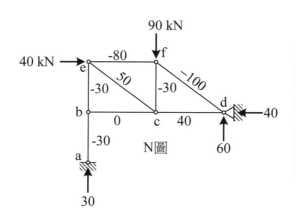

N圖

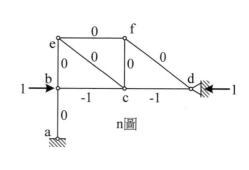

n圖

九、 如圖所示結構，承受垂直集中載重 $48\,kN$，a 點及 d 點為鉸支承，點 c 連接一軸力桿件 cd，桿件 cd 彈性模數 E 與斷面積 A 之乘積為 $EA = 62500\,kN$，而桿件 ab 及 bc 有相同 之彈性模數 E 與慣性矩 I，且 $EI = 318000\,kN-m^2$。若不考慮桿件 ab 及 bc 的軸向變 形，求支承 a 點反力、cd 桿件軸力及 b 點水平位移。（25 分）

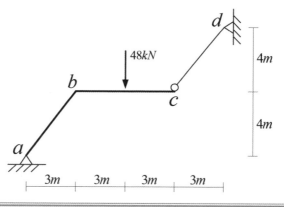

（109 高考-結構學#1）

參考題解

（一）cd 為二力桿

$$\frac{H_d}{R_d}=\frac{3}{4}\Rightarrow 令\begin{cases}H_d=3x\\R_d=4x\end{cases}$$

整體力矩平衡

$$\sum M_a=0$$

$$\Rightarrow 48\times6+H_d^{3x}\times8=R_d^{4x}\times12$$

$$\Rightarrow x=12$$

$$\therefore\begin{cases}H_d=3x=36\\R_d=4x=48\end{cases}$$

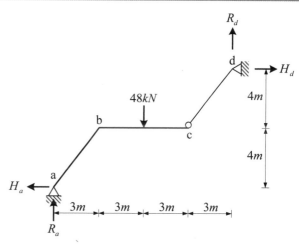

cd 桿軸力：$\sqrt{36^2 + 48^2} = 60\ kN$（拉）

（二）a 點支承反力

1. $\sum F_x = 0$, $H_a = \cancel{H_d}^{\,36} \Rightarrow H_a = 36kN\,(\leftarrow)$

2. $\sum F_y = 0$, $R_a + \cancel{R_d}^{\,48} = 48 \Rightarrow R_a = 0$

（三）以單位力法計算 b 點水平位移

1. 受外力作用時的 M/EI 圖

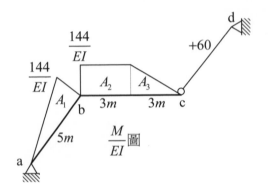

2. 於 b 點施加一單位水平力的 m 圖

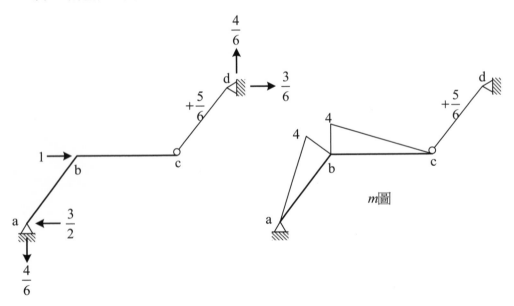

3. 以單位力法計算 Δ_{bH}

（1）abc 梁部分

$$A_1 = \frac{1}{2} \times \frac{144}{EI} \times 5 = \frac{360}{EI} \qquad y_1 = 4 \times \frac{2}{3} = \frac{8}{3}$$

$$A_2 = \frac{144}{EI} \times 3 = \frac{432}{EI} \qquad y_2 = 3$$

$$A_3 = \frac{1}{2} \times \frac{144}{EI} \times 3 = \frac{216}{EI} \qquad y_3 = 2 \times \frac{2}{3} = \frac{4}{3}$$

$$\int m \frac{M}{EI} dx = \sum A_i y_i = \frac{360}{EI} \times \frac{8}{3} + \frac{432}{EI} \times 3 + \frac{216}{EI} \times \frac{4}{3} = \frac{2544}{EI}$$

（2）cd 二力桿部分

$$\sum n \frac{NL}{EA} = \frac{5}{6} \times \frac{60 \times 5}{EA} = \frac{250}{EA}$$

（3）$\Delta_{bH} = \int m \frac{M}{EI} dx + \sum n \frac{NL}{EA} = \frac{2544}{EI} + \frac{250}{EA} = \frac{2544}{318000} + \frac{250}{62500} = 0.012m \ (\rightarrow)$

十、如圖所示之桁架結構，所有桿件彈性模數 $E = 200$ GPa 與斷面積 $A = 1000$ mm^2，試以單位力法（Unit-load method）求圖示載重下 C 點之垂直變位及水平變位（以其他方法求解一律不予計分）。（25 分）

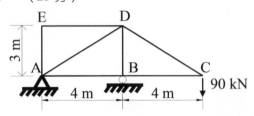

（109 三等-結構學#2）

參考題解

（一）先求支承力，結果如圖(a)所示。

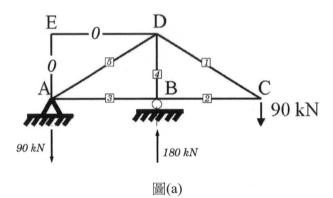

圖(a)

採用圖(a)中的桿件編號，各桿件的內力值如表(a)中所示。

表(a) 各桿內力（正值表拉力，負值為壓力）

桿件編號	圖(a) (kN)	圖(b)	圖(c)
1	150	15/9	0
2	−120	−12/9	1
3	−120	−12/9	1
4	−180	−18/9	0
5	150	15/9	0

（二）如圖(b)所示，在 C 點處施加一單位垂直力，再計算各桿內力，結果如表(a)中所示。依單位力法得 C 點垂直位移 C_v 為

$$C_V = \frac{1}{AE}\left[2(150)\left(\frac{15}{9}\right)(5) + 2(120)\left(\frac{12}{9}\right)(4) + (180)\left(\frac{18}{9}\right)(3)\right] = 0.0243m(\downarrow)$$

上式中 $AE = 2 \times 10^5\,kN$

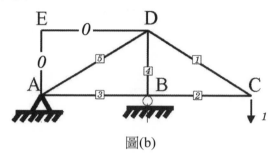

圖(b)

（三）如圖(c)所示，在 C 點處施加一單位水平力，在計算各桿內力，結果如表(a)中所示。依
單位力法得 C 點水平位移 C_H 為

$$C_H = \frac{1}{AE}\left[2(-120)(1)(4)\right] = -0.0048\,m(\leftarrow)$$

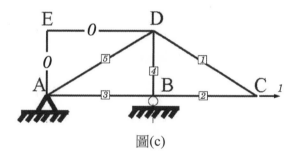

圖(c)

十一、圖示桿件 ABC，AB 長 L，BC 長 H，撓曲剛度 EI 為常數，A 端為鉸接支承，B 點為滾接支承，於 C 點承受水平力 P 作用，求 C 點水平位移及 B 點轉角。（25 分）

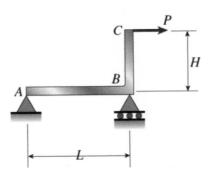

（109 普考–工程力學概要#4）

參考題解

（一）如右圖所示，在 B 點虛設一外加力偶矩 m，並求得

$$A_y = \frac{PH+m}{L}$$

（二）AB 段及 CB 段之內彎矩函數為

$$M_1 = A_y x \quad (0 \le x \le L)$$

$$M_2 = Px \quad (0 \le x \le H)$$

系統應變能為

$$U = \int_0^L \frac{M_1^2 dx}{2EI} + \int_0^H \frac{M_2^2 dx}{2EI}$$

（三）依卡二定理，C 點水平位移 Δ_{CH} 為

$$\Delta_{CH} = \left.\frac{\partial U}{\partial P}\right|_{m=0} = \frac{1}{EI}\left[\int_0^L M_1\left(\frac{\partial M_1}{\partial P}\right)dx + \int_0^H M_2\left(\frac{\partial M_2}{\partial P}\right)dx\right] = \frac{PH^2(L+H)}{3EI}(\rightarrow)$$

B 點轉角 θ_B 為

$$\theta_B = \left.\frac{\partial U}{\partial m}\right|_{m=0} = \frac{1}{EI}\left[\int_0^L M_1\left(\frac{\partial M_1}{\partial m}\right)dx + \int_0^H M_2\left(\frac{\partial M_2}{\partial m}\right)dx\right] = \frac{PHL}{3EI}$$

上述 θ_B 為順鐘向。

十二、如下圖所示之一靜定剛架結構系統 ABCD，其中 A 端為鉸支承、D 端為輥支承。
AB、CD 桿長 4 m，撓曲剛度為 2EI，B 節點承受一向右集中載重 30 kN。BC 桿桿長
6 m，撓曲剛度則為 EI，承受一向下之均布載重 10 kN/m。（25 分）

（一）試求此系統之撓曲應變能（strain energy）。

（二）另請以單位載重法或其他任意方法求 C 節點與 D 端點水平變位之比值。

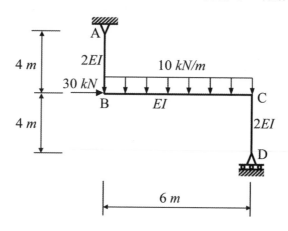

（110 土技-結構分析#3）

參考題解

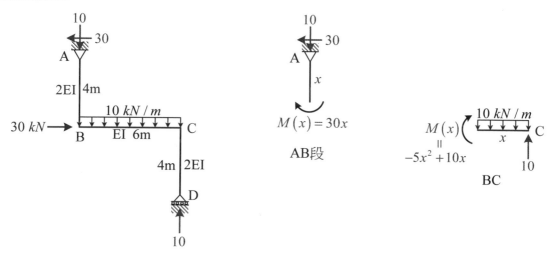

（一）計算撓曲應變能

1. AB 段：

$$U_{AB} = \frac{1}{2}\int \frac{M^2}{2EI}dx = \frac{1}{4EI}\int_0^4 (30x)^2 dx = \frac{1}{4EI}\int_0^4 900x^2 dx = \frac{1}{4EI}300x^3 \Big|_0^4 = \frac{4800}{EI}$$

2. CB 段：

$$U_{CB} = \frac{1}{2}\int \frac{M^2}{EI}dx = \frac{1}{2EI}\int_0^6 \left(-5x^2+10x\right)^2 dx = \frac{1}{2EI}\int_0^4 25x^4 - 100x^3 + 100x^2 dx$$

$$= \frac{1}{2EI}\left(5x^5 - 25x^4 + \frac{100}{3}x^3\right)\Big|_0^6 = \frac{6840}{EI}$$

3. CD 段：無彎矩 $\Rightarrow U_{CD} = 0$

4. $U = U_{AB} + U_{BC} + U_{CD} = \dfrac{4800}{EI} + \dfrac{6840}{EI} + 0 = \dfrac{11640}{EI}$

（二）C 節點與 D 節點的水平變為比值 $\Rightarrow$ 以單位力法計算

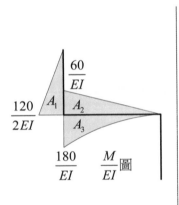

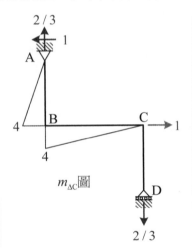

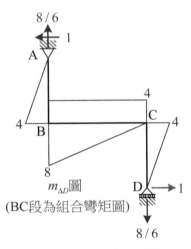

A_i	$y_i\,(m_{\Delta C})$	$y_i\,(m_{\Delta D})$	$A_i y_i\,\left(m_{\Delta C}\right)$	$A_i y_i\,\left(m_{\Delta D}\right)$
$A_1 = -\dfrac{1}{2}\times\dfrac{120}{2EI}\times 4 = \dfrac{-120}{EI}$	$-\dfrac{8}{3}$	$-\dfrac{8}{3}$	$\dfrac{320}{EI}$	$\dfrac{320}{EI}$
$A_2 = \dfrac{1}{2}\times\dfrac{60}{EI}\times 6 = \dfrac{180}{EI}$	$-\dfrac{8}{3}$	$4-8\times\dfrac{2}{3}=-\dfrac{4}{3}$	$-\dfrac{480}{EI}$	$-\dfrac{240}{EI}$
$A_3 = -\dfrac{1}{3}\times\dfrac{180}{EI}\times 6 = -\dfrac{360}{EI}$	-3	$4-8\times\dfrac{3}{4}=-2$	$\dfrac{1080}{EI}$	$\dfrac{720}{EI}$
			$\dfrac{920}{EI}$	$\dfrac{800}{EI}$

1. $1\cdot\Delta_C = \int m\dfrac{M}{EI}dx = \sum A_i y_i = \dfrac{920}{EI}$

2. $1\cdot\Delta_D = \int m\dfrac{M}{EI}dx = \sum A_i y_i = \dfrac{800}{EI}$

3. $\dfrac{\Delta_C}{\Delta_D} = \dfrac{\dfrac{920}{EI}}{\dfrac{800}{EI}} = 1.15$

十三、下圖桁架因溫度變化，AB 及 AD 桿件溫度下降 20°C，其它桿件溫度不變，熱膨脹係數 α = 1.5 × 10⁻⁵/°C，各桿件斷面積(A)與彈性模數(E)相同。請以單位力法計算 A 點垂直位移，須列表格且詳列解答過程，以其它方法求解或未列表格一律不予計分。（25 分）

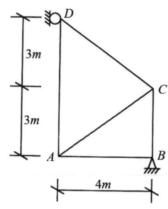

（110 四等-結構學概要與鋼筋混凝土學概要#2）

參考題解

$(\delta_t)_{AD} = \alpha \cdot \Delta T \cdot L_{AD} = 1.5 \times 10^{-5}(-20)(6) = -0.0018\ m$

$(\delta_t)_{AB} = \alpha \cdot \Delta T \cdot L_{AB} = 1.5 \times 10^{-5}(-20)(4) = -0.0012\ m$

桿件	δ_t	n	$n \cdot \delta_t$	
①	-0.0018	$\dfrac{3}{6}$	-0.009	
②	0	$-\dfrac{5}{6}$	0	
③	0	$\dfrac{5}{6}$	0	$1 \cdot \Delta_A = \sum n \cdot \delta_t = -0.001m$
④	0	-1	0	A 點位移 $= 0.001m (\uparrow)$
⑤	-0.0012	$-\dfrac{4}{6}$	0.008	
$\sum$			-0.001	

十四、如下圖剛架，A 點為鉸支承，B 點為剛接點，C 點為滾接支承。以卡氏第二定理
（Castigliano's Second Theorem）詳細計算剛架上支承點 C 的水平變位，構件自重不
計（使用其他方法一律不予計分）。

（一）在 C 點加上一個向右水平變數作用力 P，並推得 A 與 C 點支承點反力。（5
分）

（二）列出各段斷面彎矩函數及對 P 的偏微分。（10 分）

（三）使用積分公式計算支承點 C 的水平變位。（10 分）

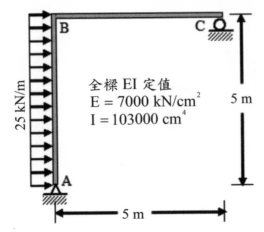

B ----- C ⊙

25 kN/m

全樑 EI 定值
E = 7000 kN/cm²
I = 103000 cm⁴

5 m

A

5 m

（111 高考-結構學#3）

參考題解

$EI = 7000kN/cm^2 \times 103000cm^4 = 7.21 \times 10^8 \ kN-cm^2 = 7.21 \times 10^4 \ kN-m^2$

（一）

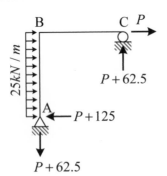

B   C → P
⊙
$P + 62.5$

$25kN/m$

A ← $P + 125$

$P + 62.5$

（二） 1. AB 段

$$(P+125)x = 25 \cdot x \cdot \frac{x}{2} + M(x)$$

$$\Rightarrow M(x) = -12.5x^2 + (P+125)x$$

$$\therefore \frac{\partial M(x)}{\partial P} = x$$

2. BC 段

$$M(x) = (P+62.5)x$$

$$\therefore \frac{\partial M(x)}{\partial P} = x$$

（三）

桿件	$M(x)$	$\dfrac{\partial M(x)}{\partial P}$	$\left.\dfrac{\partial M(x)}{\partial P}\dfrac{M(x)}{EI}\right|_{P=0}$
$A \to B$	$-12.5x^2 + (P+125)x$	x	$-12.5x^3 + 125x^2$
$C \to B$	$(P+62.5)x$	x	$62.5x^2$

$$\left.\frac{\partial U}{\partial P}\right|_{P=0} = \int_{AB} \frac{\partial M(x)}{\partial P}\frac{M(x)}{EI} + \int_{BC} \frac{\partial M(x)}{\partial P}\frac{M(x)}{EI}$$

$$= \int_0^5 \frac{1}{EI}\left(-12.5x^3 + 125x^2\right)dx + \int_0^5 \frac{1}{EI}\left(62.5x^2\right)dx$$

$$= \frac{1}{EI}\left(-\frac{12.5}{4}x^4 + \frac{125}{3}x^3\right)\Bigg|_0^5 + \frac{1}{EI}\left(\frac{62.5}{3}x^3\right)\Bigg|_0^5$$

$$= \frac{5859.375}{EI^{\,7.21\times10^4}} = 0.0813 \ m \ (\to)$$

十五、如下圖所示結構，承受垂直集中載重 32 kN，*a* 點為固定端，*e* 點為鉸支承，*b* 點為鉸接，點 *d* 連接一軸力桿件 *de*，桿件 *de* 彈性模數 E 與斷面積 A 之乘積為 $EA = 62500$ kN，而桿件 *ab* 及 *bd* 有相同之彈性模數 E 與慣性矩 I，且 $EI = 60000$ kN-m²。若不考慮桿件 *ab* 及 *bd* 的軸向變形，求 *a* 點固定端反力（含彎矩）、*de* 桿件軸力、*c* 點及 *d* 點垂直位移。（30 分）

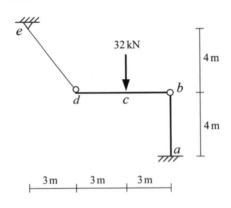

（111 土技-結構分析#4）

參考題解▸▸▸

（一）de 軸力及 a 點固端反力

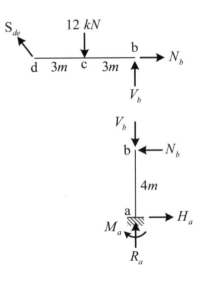

1. bcd 自由體

$$\sum M_d = 0 \ , \ 12 \times 3 = V_b \times 6 \ \therefore V_b = 6 \ kN$$

$$\sum F_y = 0 \ , \ \frac{4}{5} S_{de} + \cancel{V_b}^{\,6} = 12 \ \therefore S_{de} = 7.5 \ kN$$

$$\sum F_x = 0 \ , \ N_b = \frac{3}{5} \cancel{S_{de}}^{\,7.5} \ \therefore N_b = 4.5 \ kN$$

2. ab 自由體

$$\sum F_x = 0 \ , \ H_a = N_b = 4.5 kN$$

$$\sum F_y = 0 \ , \ R_a = V_b = 6 kN$$

$$\sum M_a = 0 \ , \ M_a = N_b \times 4 = 18 kN - m$$

（二）計算 c 點垂直變位（單位力法）

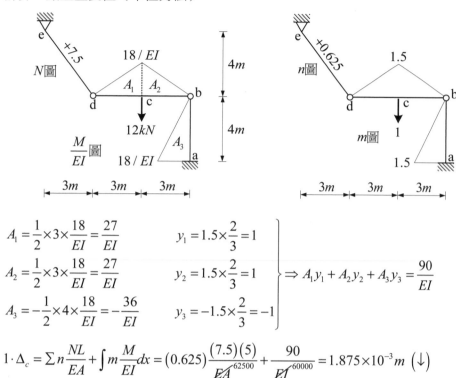

$$A_1 = \frac{1}{2} \times 3 \times \frac{18}{EI} = \frac{27}{EI} \qquad y_1 = 1.5 \times \frac{2}{3} = 1$$

$$A_2 = \frac{1}{2} \times 3 \times \frac{18}{EI} = \frac{27}{EI} \qquad y_2 = 1.5 \times \frac{2}{3} = 1 \left. \begin{array}{c} \\ \\ \\ \end{array} \right\} \Rightarrow A_1 y_1 + A_2 y_2 + A_3 y_3 = \frac{90}{EI}$$

$$A_3 = -\frac{1}{2} \times 4 \times \frac{18}{EI} = -\frac{36}{EI} \qquad y_3 = -1.5 \times \frac{2}{3} = -1$$

$$1 \cdot \Delta_c = \sum n \frac{NL}{EA} + \int m \frac{M}{EI} dx = (0.625) \frac{(7.5)(5)}{\cancel{EA}^{62500}} + \frac{90}{\cancel{EI}^{60000}} = 1.875 \times 10^{-3} m \ (\downarrow)$$

（三）計算 d 點垂直變位（單位力法）

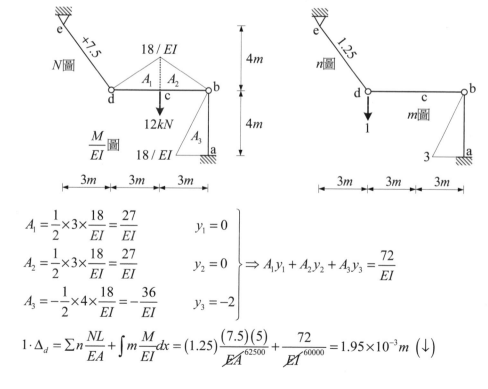

$$A_1 = \frac{1}{2} \times 3 \times \frac{18}{EI} = \frac{27}{EI} \qquad y_1 = 0$$

$$A_2 = \frac{1}{2} \times 3 \times \frac{18}{EI} = \frac{27}{EI} \qquad y_2 = 0 \left. \begin{array}{c} \\ \\ \\ \end{array} \right\} \Rightarrow A_1 y_1 + A_2 y_2 + A_3 y_3 = \frac{72}{EI}$$

$$A_3 = -\frac{1}{2} \times 4 \times \frac{18}{EI} = -\frac{36}{EI} \qquad y_3 = -2$$

$$1 \cdot \Delta_d = \sum n \frac{NL}{EA} + \int m \frac{M}{EI} dx = (1.25) \frac{(7.5)(5)}{\cancel{EA}^{62500}} + \frac{72}{\cancel{EI}^{60000}} = 1.95 \times 10^{-3} m \ (\downarrow)$$

十六、假設圖示桁架所有桿件的長度與截面積比值（L/A）均為 1 m/cm²，彈性模數 $E = 2040$ tf/cm²，試分別考慮下列三種情況（互不相關），分析 D 點的水平向變位：

（一）D 點受圖示 6 tf 荷載作用。（15 分）

（二）C 點支承往下沉陷 5 cm。（5 分）

（三）因製造誤差，AC 桿件的長度短少 2 cm。（5 分）

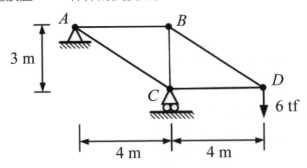

（111 四等-結構學概要與鋼筋混凝土學概要#2）

參考題解

$$\frac{L}{EA} = 1 \frac{m}{cm^2} \times \frac{1}{2040 \frac{tf}{cm^2}} = \frac{1}{2040} \cdot \frac{m}{tf}$$

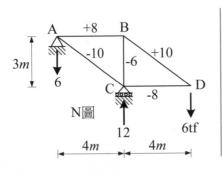

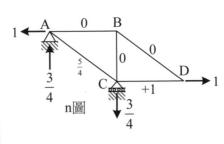

（一）D 點受圖示 6tf 荷載作用下，D 點的水平變位 Δ_{DH}

桿件	n	N	$n \cdot N$
①AB	0	8	0
②AC	5/4	−10	−12.5
③BC	0	−6	0
④BD	0	10	0
⑤CD	1	−8	−8
Σ			−20.5

$$1 \cdot \Delta_{DH} = \sum n \cdot \frac{NL}{EA}$$

$$= -20.5 \cdot \frac{L}{EA}$$

$$= -20.5 \cdot \frac{1}{2040}$$

$$= -0.01 \, m \ (\leftarrow)$$

（二）C 點支承往下沉陷 5cm，D 點的水平變位 Δ_{DH}

$$r_s \Delta_s + 1 \cdot \Delta_{DH} = \sum n \frac{NL}{EA} \Rightarrow 0.05 \times \frac{3}{4} + 1 \cdot \Delta_{DH} = 0 \quad \therefore \Delta_{DH} = -0.0375m \ (\leftarrow)$$

（三）因製造誤差，AC 桿件的長度短少 2 cm，D 點的水平變位 Δ_{DH}

$$1 \cdot \Delta_{DH} = \sum n \cdot \delta_m \Rightarrow 1 \cdot \Delta_{DH} = \frac{5}{4}(-0.02) = -0.025 \ m \ (\leftarrow)$$

十七、圖示圓盤受彎矩 $M = 300 \ N \cdot m$ 作用，且圓盤邊上有一彈簧，其係數 $k = 4 \ kN/m$，彈簧另一端固定在牆壁上。在初始狀態彈簧未伸長無變形，不考慮摩擦力影響：1. 試繪出圓盤之自由體圖（Free body diagram, FBD），2. 試用虛功法（method of virtual work）決定力平衡（equilibrium）時的圓盤轉角 θ。（25 分）

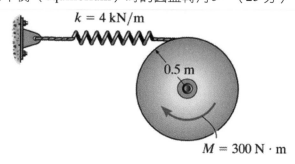

（112 高考－結構學#2）

參考題解

（一）自由體圖

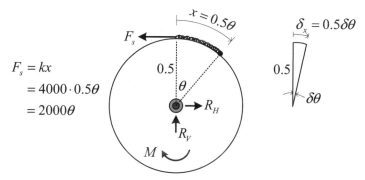

$$F_s = kx$$
$$= 4000 \cdot 0.5\theta$$
$$= 2000\theta$$

（二）圓盤轉角 θ

$$\delta W = 0 \Rightarrow M \cdot \delta\theta + (-F_s \cdot \delta_x) = 0$$
$$\Rightarrow 300\delta\theta + (-2000\theta \cdot 0.5\delta\theta) = 0$$
$$\Rightarrow 300 - 1000\theta = 0 \quad \therefore \theta = 0.3 \ rad \ (\curvearrowleft)$$

十八、試分析一平面桁架如下圖所示，點 *A* 為鉸支承，點 *D* 為滾支承，假設所有桿件之彈性模數與斷面積乘積為 EA = 200,000 kN。若桁架中點 *B* 承受一垂直載重 30 kN，試求桿件 *BD* 中之內力並標註受壓或受拉。（25 分）

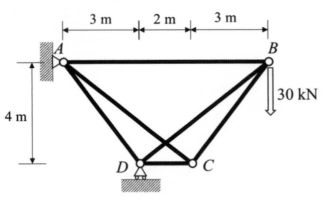

（112 結技-結構學#2）

參考題解

以諧和變位法求解，選取 BD 桿件內力為贅力

（一）計算各桿件內力

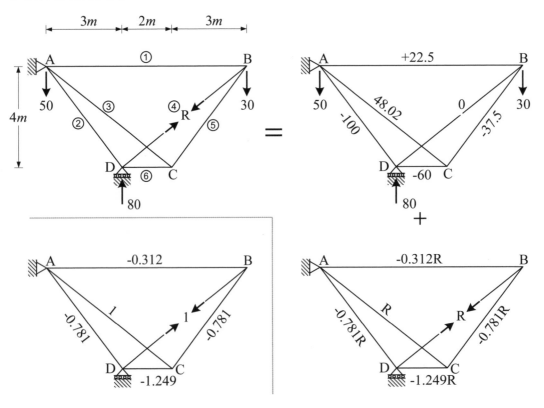

桿件	外力 S	贅力 R	n	L(m)	$n \cdot S \cdot L$	$n \cdot R \cdot L$
①	22.5	−0.312R	−0.312	8	−56.16	0.779R
②	−100	−0.781R	−0.781	5	390.5	3.05R
③	48.02	R	1	6.403	307.47	6.403R
④	0	R	1	6.403	0	6.403R
⑤	−37.5	−0.781R	−0.781	5	146.44	3.05R
⑥	−60	−1.249R	−1.249	2	149.88	3.12R
合計					938.13	22.805R

（二）代入諧和變位法公式

$$1 \cdot \Delta_{切口} = \sum \left(n \cdot \frac{SL}{EA} + n \cdot \frac{RL}{EA} \right) \Rightarrow 0 = \frac{938.13}{EA} + \frac{22.805R}{EA} \quad \therefore R = -41.14 \ kN$$

（三）BD 桿件內力為壓力 41.14 kN。

十九、請以單位力法計算下圖梁 A 點轉角 θ_A。$EI =$ 常數，E 為彈性模數、I 為慣性矩。以其它方法求解一律不予計分。須詳列解答過程。（25 分）

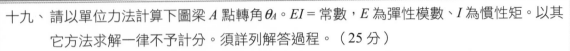

（112 四等－結構學概要與鋼筋混凝土學概要#2）

參考題解

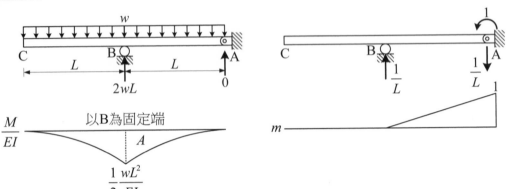

（一）繪製梁以 B 為固定端，受外力的 $\dfrac{M}{EI}$ 圖（上圖左）

（二）於 A 點施加一單位力矩，繪製 m 圖（上圖右）

（三）以單位力法計算 A 點旋轉角 θ_A

1. $A = -\dfrac{1}{3} \times \dfrac{1}{2}\dfrac{wL^2}{EI} \times L = -\dfrac{1}{6}\dfrac{wL^3}{EI}$ $y = \dfrac{1}{4} \times 1 = \dfrac{1}{4}$

2. $1 \cdot \theta_A = \int m \dfrac{M}{EI} dx = Ay = \left(-\dfrac{1}{6}\dfrac{wL^3}{EI}\right)\left(\dfrac{1}{4}\right) = -\dfrac{1}{24}\dfrac{wL^3}{EI}$

$\therefore \theta_A = \dfrac{1}{24}\dfrac{wL^3}{EI}$ $(\curvearrowright)$

4 諧和變位法（含最小功法）

Chapter 重點內容摘要

諧和變位法

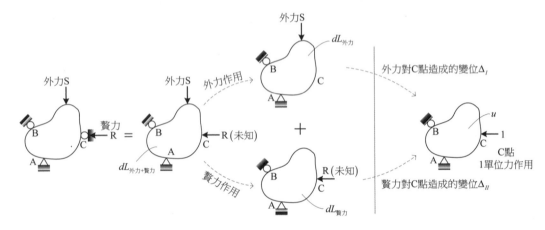

（一）基本觀念

1. 「靜不定結構」＝「靜定基元結構」＋「贅力作用」

（1）將**靜不定結構**視為**靜定結構**處理

（2）移除束制後，剩下的結構稱為「靜定基元結構」

（3）移除束制後，補上的力量稱為「贅力」

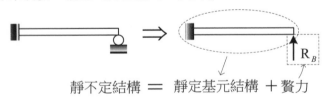

靜不定結構 ＝ 靜定基元結構 ＋ 贅力

2. 贅力在哪裡，諧和變位條件就在哪

（1）靜定基元結構必須是穩定結構

（2）靜平衡方程式算得出來的力量（矩），沒有資格當贅力；這類力量（矩）方向
上的束制一旦被移除，剩下的結構會成為不穩定結構

（二）解題步驟

1. 選定贅力 R

2. 移除束制，束制處補上贅力 R（移除束制後的結構稱為**靜定基元結構**）

3. 以「單位力法」計算「靜定基元結構」，在贅力處變位：$\Delta_I + \Delta_{II}$

4. 以**贅力處**諧和變位條件解出贅力 R

最小功法

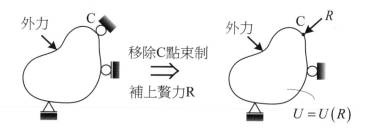

$$\text{卡二定理：} \quad \frac{\partial U(R)}{\partial R} = \Delta_R \left.\begin{array}{c} \\ \\ \end{array}\right\} \quad \frac{\partial U(R)}{\partial R} = 0 \text{（最小功法）}$$
$$\text{變位諧和：} \quad \Delta_R = 0$$

（一）基本觀念

1. 最小功法：$\dfrac{\partial U}{\partial R} = 0$

贅力 R 將使得結構應變能 U 有極小值，意即則應變能 U 對贅力 R 的一次偏微分為零

2. 最小功法又稱「卡式變位諧和法」

3. 最小功法不宜使用於求解「受廣義外力（溫差、尺寸誤差、支承變位）作用的結構」，因為容易造成正負號的混淆，建議該類問題採用諧和變位法求解

（二）公式

1. 桁架結構：

$$\frac{\partial U}{\partial R} = \sum \frac{\partial N}{\partial R} \times \frac{NL}{EA} \qquad \xrightarrow[\text{最小功法}]{\frac{\partial U}{\partial R}=0} \qquad \sum \frac{\partial N}{\partial R} \times \frac{NL}{EA} = 0$$

2. 梁、剛架結構：

$$\frac{\partial U}{\partial R} = \int \frac{\partial M}{\partial R} \times \frac{M}{EI} dx \qquad \xrightarrow[\text{最小功法}]{\frac{\partial U}{\partial R}=0} \qquad \int \frac{\partial M}{\partial R} \times \frac{M}{EI} dx = 0$$

3. 組合結構：

$$\frac{\partial U}{\partial R} = \sum \frac{\partial N}{\partial R} \times \frac{NL}{EA} + \int \frac{\partial M}{\partial R} \times \frac{M}{EI} dx \quad \xrightarrow[\text{最小功法}]{\frac{\partial U}{\partial R}=0} \quad \sum \frac{\partial N}{\partial R} \times \frac{NL}{EA} + \int \frac{\partial M}{\partial R} \times \frac{M}{EI} dx = 0$$

（三）解題步驟

1. 選定贅力 R

2. 移除束制，束制處補上贅力 R

3. 將前述結構應變能 U，表示為贅力 R 的函數 $U(R)$

4. 套入 $\dfrac{\partial U}{\partial R} = 0$，解出贅力 R

參考題解

一、如圖(a)所示梁結構，a 點為固定端，e 點為滾支承，b 點為鉸接，各桿件都有相同之彈性模數 E 值與慣性矩 I 值，且 $EI = 20000 \, kN - m^2$，彈簧係數 $k = 1250 \, kN/m$，d 點承受垂直集中載重 $32 \, kN$ 時，梁結構的彎矩圖如圖(b)所示。求 c 點的垂直位移及轉角。（25 分）

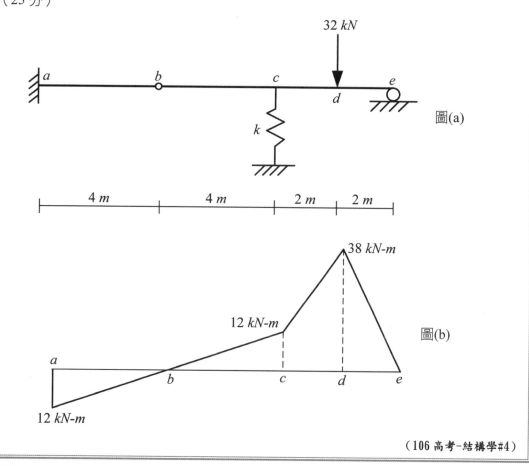

（106 高考－結構學#4）

參考題解

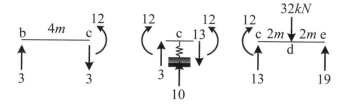

（一）c 點垂直位移

    1. cde 自由體

        （1）$\sum M_c = 0$, $R_e \times 4 = 12 + 32 \times 2$ $\therefore R_e = 19 \; kN$

        （2）$\sum F_y = 0$, $V_{cR} + R_e = 32$ $\therefore V_{cR} = 13 \; kN$

    2. bc 自由體：$\sum M_b = 0$, $V_{cL} \times 4 = 12$ $\therefore V_{cL} = 3 \; kN$

    3. c 彈簧反力：$R_c = 13 - 3 = 10 \; kN$

    4. $\Delta_c = \dfrac{F_s}{k} = \dfrac{10}{k} = \dfrac{10}{1250} = 0.008 \; m = 8 \; mm \, (\downarrow)$

（二）d 點垂直位移

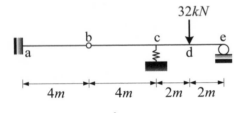

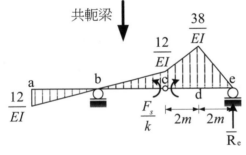
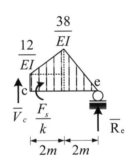

$$\sum M_e = 0 \Rightarrow \overline{V}_c \times 4 + \frac{F_s}{k} = \left(\frac{12}{EI} \times 2\right)(3) + \left(\frac{1}{2} \times \frac{26}{EI} \times 2\right)\left(2 \times \frac{1}{3} + 2\right) + \left(\frac{1}{2} \times \frac{38}{EI} \times 2\right)\left(2 \times \frac{2}{3}\right)$$

$$\therefore \overline{V}_c = \frac{48}{EI} - \frac{F_s}{4k}$$

$$\therefore \theta_c = \frac{48}{EI} - \frac{F_s}{4k} = \frac{48}{20000} - \frac{10}{4(1250)} = 0.0004 \; (\curvearrowright)$$

二、圖為梁結構，尺寸和均佈載重如圖所示，點 c 為鉸接，所有桿件的彈性模數 E 與斷面慣性矩 I 皆為定值。試以最小功法求固定端彎矩（需註明方向，採用其它方法計算不予計分）。（20 分）

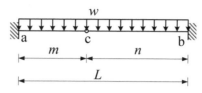

（106 結技-結構學#2）

參考題解

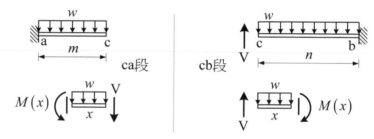

桿件	$M(x)$	$\dfrac{\partial M(x)}{\partial V}$	$M(x)\dfrac{\partial M(x)}{\partial V}$
ca	$\dfrac{wx^2}{2}+Vx$	x	$\dfrac{wx^3}{2}+Vx^2$
cb	$\dfrac{wx^2}{2}-Vx$	$-x$	$-\dfrac{wx^3}{2}+Vx^2$

$$\frac{\partial U}{\partial V}=\int_{ca}\frac{M(x)\dfrac{\partial M(x)}{\partial V}}{EI}\,dx+\int_{cb}\frac{M(x)\dfrac{\partial M(x)}{\partial V}}{EI}\,dx$$

$$=\int_0^m\frac{\dfrac{wx^3}{2}+Vx^2}{EI}\,dx+\int_0^n\frac{-\dfrac{wx^3}{2}+Vx^2}{EI}\,dx$$

$$=\frac{\left(\dfrac{1}{8}wm^4+\dfrac{1}{3}Vm^3\right)}{EI}+\frac{\left(-\dfrac{1}{8}wn^4+\dfrac{1}{3}Vn^3\right)}{EI}$$

$$\frac{\partial U}{\partial V}=0\quad\therefore\frac{\left(\dfrac{1}{8}wm^4+\dfrac{1}{3}Vm^3\right)}{EI}+\frac{\left(-\dfrac{1}{8}wn^4+\dfrac{1}{3}Vn^3\right)}{EI}=0\quad\therefore V=\frac{3}{8}\frac{wn^4-wm^4}{n^3+m^3}$$

$$M_a = \frac{w}{2}m^2 + Vm = \frac{w}{2}m^2 + \frac{3}{8}\frac{wn^4 - wm^4}{n^3 + m^3}m$$

$$M_b = \frac{w}{2}n^2 - Vn = \frac{w}{2}n^2 - \frac{3}{8}\frac{wn^4 - wm^4}{n^3 + m^3}n$$

三、如下圖所示之具相同材料及斷面之構架，A 為固端，C 為鉸接，E 為鉸接端。其中 L = 長度，EI = 撓曲剛度，則在側向均佈力 w 作用下，計算 A 點及 E 點之各支承反力。（25分）

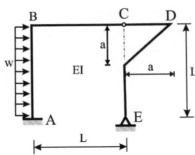

（106 司法－結構分析#4）

參考題解

（一）如下圖所示，取 C 點內力 R 為贅餘力，可得各支承力為

$$S_A = R \; ; \; V_A = \omega L \; ; \; M_A = \frac{\omega L^2}{2} - RL \; ; \; R_E = R$$

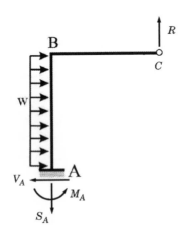
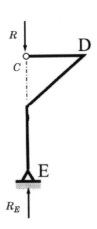

（二）繪各段桿件之 M/EI 圖如下圖所示，其中

$$A_1 = \frac{\omega L^3}{2EI} \; ; \; A_2 = \frac{M_A L}{EI} \; ; \; A_3 = \frac{\omega L^3}{6EI}$$

$$A_4 = \frac{RL^2}{2EI} \; ; \; A_5 = \frac{Ra^2}{2EI} \; ; \; A_6 = \frac{Ra^2}{\sqrt{2}EI}$$

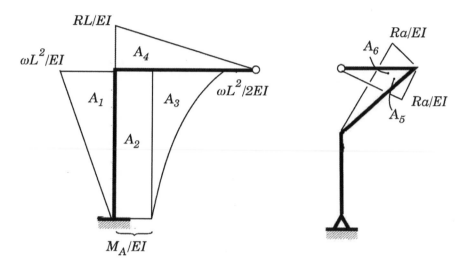

（三）如下圖所示，在 C 點處施加一對方向相反之單位力，並繪彎矩圖，其中

$$y_1 = y_2 = y_3 = L \; ; \; y_4 = \frac{2L}{3} \; ; \; y_5 = y_6 = \frac{2a}{3}$$

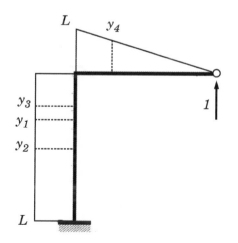

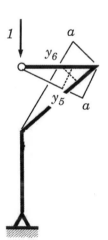

（四）依單位力法，並考慮兩側 C 點之相對位移為零的相合條件，可得

$$0 = A_1 y_1 - A_2 y_2 - A_3 y_3 + A_4 y_4 + A_5 y_5 + A_6 y_6$$

由上式可解得 R 為

$$R = \frac{\omega L^4}{2\left[4L^3 + \left(1+\sqrt{2}\right)a^3\right]}$$

所以各支承力為

$$S_A = \frac{\omega L^4}{2\left[4L^3 + \left(1+\sqrt{2}\right)a^3\right]}(\downarrow)\ ;\ V_A = \omega L(\leftarrow)$$

$$M_A = \frac{\omega L^2\left[3L^3 + \left(1+\sqrt{2}\right)a^3\right]}{2\left[4L^3 + \left(1+\sqrt{2}\right)a^3\right]}(\circlearrowleft)\ ;\ R_E = \frac{\omega L^4}{2\left[4L^3 + \left(1+\sqrt{2}\right)a^3\right]}(\uparrow)$$

四、圖為桿件 AB、AC 及 AD 鉸接（hinged）在 A、B、C 及 D 四點，在 A 點承受一垂直
載重 P = 5 kN，已知各桿件之截面積 A_0 均為 100 mm²，彈性模數 E 均為 80 GPa，假設
各桿件重量可忽略不計，試回答下列問題：

（一）桿件 AB、AC 及 AD 所承受力量各為何？（15 分）

（二）A 點之垂直及水平位移各為何？（10 分）

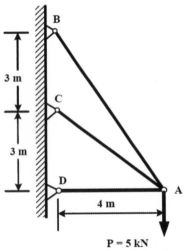

（107 高考-工程力學#3）

參考題解

（一）如圖(a)所示取 S_1 為贅餘力，可得

$$S_2 = \frac{5}{3}\left(P - \frac{3}{\sqrt{13}}S_1\right) \;;\; S_3 = \frac{2}{\sqrt{13}}S_1 - \frac{4}{3}P + Q \qquad ①$$

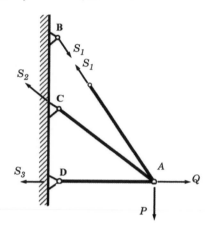

圖(a)

（二）考慮如圖(b)所示之基元結構，各桿件之內力為

$$n_1 = 1 \;;\; n_2 = -\frac{5}{\sqrt{13}} \;;\; n_3 = \frac{2}{\sqrt{13}}$$

依單位力法可得

$$0 = \frac{1}{A_0 E}\left[n_1 S_1 L_1 + n_2 S_2 L_2 + n_3 S_3 L_3\right]$$

其中 $L_1 = \sqrt{52}\ m$，$L_2 = 5\ m$，$L_3 = 4\ m$。將①式代入上式，可解得

$$S_1 = 4.019\ kN\ （拉力）$$

再由①式得

$$S_2 = 2.760\ kN\ （拉力）；S_3 = -4.437\ kN\ （壓力）$$

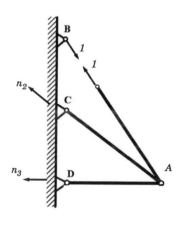

圖(b)

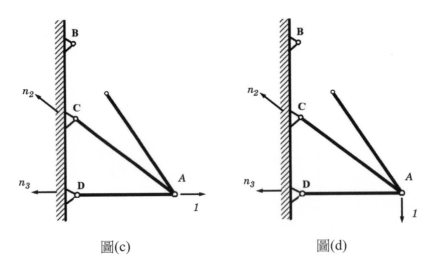

圖(c)   圖(d)

（三）考慮如圖(c)所示之基元結構，各桿件之內力為

$$n_1 = 0 \ ; \ n_2 = 0 \ ; \ n_3 = 1$$

依單位力法可得 A 點水平位移 Δ_h 為

$$\Delta_h = \frac{1}{A_0 E}\left[(1)(-4.437)(4) \right] = -2.219 \times 10^{-3}\, m \ (\leftarrow)$$

（四）考慮如圖(d)所示之基元結構，各桿件之內力為

$$n_1 = 0 \ ; \ n_2 = \frac{5}{3} \ ; \ n_3 = -\frac{4}{3}$$

依單位力法可得 A 點垂直位移 Δ_v 為

$$\Delta_v = \frac{1}{A_0 E}\left[\left(\frac{5}{3}\right)(2.760)(5) - \left(\frac{4}{3}\right)(-4.437)(4) \right] = 5.833 \times 10^{-3}\, m \ (\downarrow)$$

五、如圖所示梁結構，A 點和 B 點為置放於彈簧支承上之導向支承（guide support）邊界，梁承受載重後，A 點和 B 點之旋轉角均為零，但可在垂直方向變位。該梁之 EI 為常數，彈簧支承之勁度係數為 k。試求 A 點之垂直方向變位為何？此外取梁中央 C 點處之彎矩 M_C 為贅力，並以諧合變位法求彎矩 M_C 之值為何？（25 分）

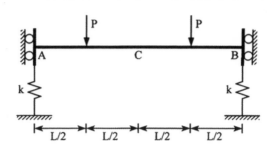

（107 高考-結構學#1）

參考題解

（一）對稱結構取半分析如下圖所示，以 M_C 為贅餘力，可得

$$R_A = P \;;\; M_A = M_C - \frac{PL}{2} \qquad \text{①}$$

（二）A 點重直變位為

$$\Delta_A = \frac{P}{k}(\downarrow)$$

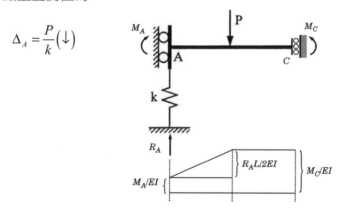

（三）M/EI 圖如上圖所示，依彎矩面積法可得

$$\theta_C = \theta_A + \frac{R_A L(L/2)}{2(2EI)} + \frac{M_A(L/2)}{EI} + \frac{M_C(L/2)}{EI} \qquad \text{②}$$

上式中 $\theta_C = \theta_A = 0$。將①式代入②式，可解得

$$M_C = \frac{PL}{8}$$

六、如圖所示桁架結構，AB 及 AC 桿件之楊氏係數 E 及橫斷面積 A 皆相同，A 點為鉸支
承，B 點和 C 點有彈簧 BD 及彈簧 CE 支承，B 點和 C 點間亦有彈簧 BC 連接，各彈簧
之彈性係數均為 k，且 k = 2AE/L。該桁架結構於 C 點處承受一垂直力 P 作用。

（一）取彈簧 BC 之內力為贅力，以卡式第二定理求彈簧 BC 之內力為何？（15 分）

（二）以單位力法，求 C 點之垂直變位為何？（10 分）

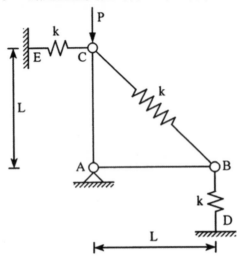

（107 高考-結構學#3）

參考題解

（一）基元結構如圖(a)所示，取 S_1 為贅餘力，可得各桿件及彈簧之內力為

$$S_2 = -\left(P + \frac{S_1}{\sqrt{2}}\right) \ ; \ S_3 = -\frac{S_1}{\sqrt{2}} \ ; \ S_4 = \frac{S_1}{\sqrt{2}} \ ; \ S_5 = \frac{S_1}{\sqrt{2}} \qquad ①$$

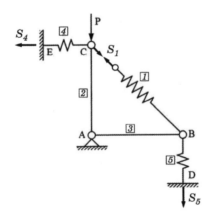

圖(a)

（二）結構之應變能為

$$U = \frac{S_2^2 L}{2AE} + \frac{S_3^2 L}{2AE} + \frac{S_1^2}{2k} + \frac{S_4^2}{2k} + \frac{S_5^2}{2k}$$

依卡式第二定理可得

$$\frac{\partial U}{\partial S_1} = \frac{L}{AE}\left[S_2\left(\frac{-1}{\sqrt{2}}\right) + S_3\left(\frac{-1}{\sqrt{2}}\right) \right] + \frac{1}{k}\left[S_1(1) + S_4\left(\frac{1}{\sqrt{2}}\right) + S_5\left(\frac{1}{\sqrt{2}}\right) \right] = 0$$

將①式代入上式可解得

$$S_1 = S_{BC} = -\frac{P}{2\sqrt{2}} \quad （壓力）$$

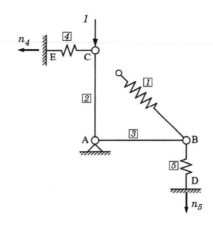

圖(b)

（三）如圖(b)所示，在 C 點施加一單位力，可得各桿件及彈簧之內力為

$$n_1 = 0 \; ; \; n_2 = -1 \; ; \; n_3 = n_4 = n_5 = 0$$

依單位力法可得 C 點重直位移 Δ_{CV} 為

$$\Delta_{CV} = \frac{n_2(S_2)L}{AE} = \frac{3PL}{4AE}(\downarrow)$$

七、鋼梁具均勻斷面性質，撓曲剛度 EI，梁深 h，左端為固接，右端彈簧支撐條件如各圖所示。

（一）如圖(a)所示，梁上下表面溫度不同（$T_u > T_b$），假設溫度梯度線性變化，膨脹係數 α；試以贅力法（柔度法）求解 B 點的位移。（10分）

（二）如圖(b)所示，梁受均布載重 w 作用；試以傾角變位法求解 B 點的位移與傾角。（20分）

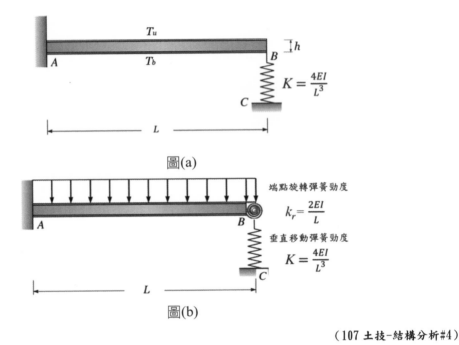

圖(a)

圖(b)

（107 土技-結構分析#4）

參考題解

（一）對於圖(a)結構而言，溫差產生之曲率 κ_T 為

$$\kappa_T = \frac{\alpha(T_a - T_b)}{h}$$

取如圖(c)所示之 F 為贅餘力，可得

$$y_B = -\left(\frac{FL^3}{3EI} + \frac{\kappa_T L^2}{2}\right) = \frac{F}{K} = \frac{FL^3}{4EI}$$

由上式解得

$$F = -\frac{6EI\alpha}{7hL}(T_a - T_b) \quad （壓力）$$

故 B 點位移 Δ_B 為

$$\Delta_B = \frac{3\alpha L^2}{14h}(T_a - T_b) \ (\downarrow)$$

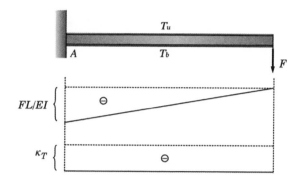

（二）對於圖(b)結構而言，由傾角變位法公式，各桿端彎矩可表為

$$M_{AB} = \frac{EI}{L}[2\theta_B - 6\phi] + \frac{\omega L^2}{12} \ ; \ M_{BA} = \frac{EI}{L}[4\theta_B - 6\phi] - \frac{\omega L^2}{12}$$

其中 $M_{BA} = -k_r\theta_B$，故有

$$\frac{6EI}{L}\theta_B - \frac{6EI}{L}\phi = \frac{\omega L^2}{12} \qquad ①$$

（三）又 B 端剪力 V_{BA} 為

$$V_{BA} = \frac{M_{AB} - M_{BA} - \dfrac{\omega L^2}{2}}{L} = K(L\phi)$$

由上式可得

$$\frac{6EI}{L}\theta_B - \frac{16EI}{L}\phi = \frac{\omega L^2}{2} \qquad ②$$

聯立①式及②式，解出

$$\theta_B = -\frac{\omega L^3}{36EI} \ (\circlearrowright) \ ; \ \phi = -\frac{\omega L^3}{24EI} \ (\circlearrowright)$$

所以 B 點位移 Δ_B 為

$$\Delta_B = \frac{\omega L^4}{24EI} \ (\downarrow)$$

八、如下圖結構在 D 點受 100 kN 向下集中力作用，試以最小功法求纜索 AE 及 BF 的內力，並繪梁 A~D 之彎矩圖。圖中粗黑實線表示梁柱桿件，斷面 EI 值皆為 1000 kN-m^2，忽略軸向及剪切變形；細虛線表示只承受拉力的纜索，斷面 EA 值為 500 kN。（25 分）

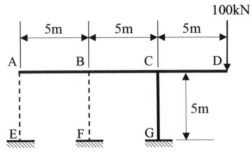

（107 結技-結構學#3）

參考題解

（一）如下圖所示，取 S_1 及 S_2 為取為贅餘力，各段桿件之內力函數分別為

$$M_1 = S_1 x \; ; \; M_2 = S_1(L+x) + S_2 x \; ; \; M_3 = Px$$

$$M_G = 2LS_1 + LS_2 - PL$$

故系統應變能 U 為

$$U = \int_0^L \frac{M_1^2 dx}{2EI} + \int_0^L \frac{M_2^2 dx}{2EI} + \int_0^L \frac{M_3^2 dx}{2EI} + \int_0^L \frac{M_G^2 dx}{2EI} + \frac{S_1^2 L}{2AE} + \frac{S_2^2 L}{2AE}$$

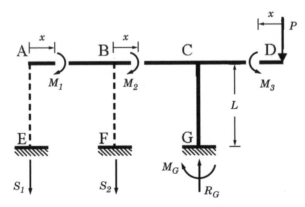

（二）依最小功法應有

$$\frac{\partial U}{\partial S_1} = 0 \quad 及 \quad \frac{\partial U}{\partial S_2} = 0$$

由上列二式可得

$$0.843S_1 + 0.354S_2 = 25$$

$$0.354S_1 + 0.177S_2 = 12.5$$

聯立解出

$S_1 = -0.408kN$（壓力）；$S_2 = 71.560kN$（拉力）

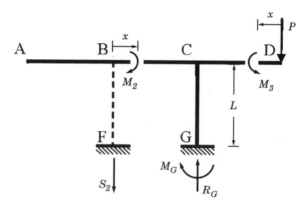

（三）依題意纜索只能承拉力，故 S_1 應取為零。所以，結構受力應如上圖所示，其中

$M_2 = S_2 x$ ； $M_3 = Px$ ； $M_G = LS_2 - PL$

系統應變能 U 為

$$U = \int_0^L \frac{M_2^2 dx}{2EI} + \int_0^L \frac{M_3^2 dx}{2EI} + \int_0^L \frac{M_G^2 dx}{2EI} + \frac{S_2^2 L}{2AE}$$

依最小功法應有 $\dfrac{\partial U}{\partial S_2} = 0$，解得

$S_2 = 70.74kN$（拉力）

樑 ABCD 之彎矩圖如下圖所示。

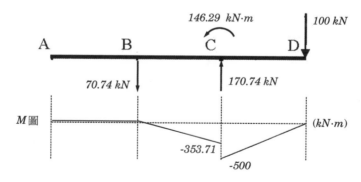

九、 附圖所示，為一根梁構材。該梁下方由三根彈簧所支承。梁之撓曲剛度為 $EI = 7.2 \times 10^{10}$ kgf - cm^2。彈簧 1、2、3 之彈簧係數分別為：$k_1 = 2{,}000$ kgf / cm、$k_2 = 3{,}000$ kgf / cm、$k_3 = 4{,}000$ kgf / cm。梁於跨度中央處承受一個向下的集中載重 $Q = 8{,}000$ kgf。試求：彈簧 1、2、3 所承受的力量。（25 分）

提示訊息：簡支梁於跨度中央處之撓度 $\delta = \dfrac{PL^3}{48EI}$。

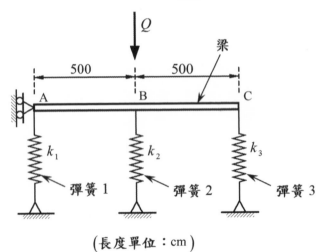

（長度單位：cm）

（107 司法-結構分析#3）

參考題解

（一）如圖(a)所示，取軸力 F_2 為贅餘力，可得

$$F_1 = F_3 = \frac{Q - F_2}{2}$$

樑之 M/EI 圖中之面積 A 為

$$A = \frac{F_1 l^2}{2EI} = \frac{(Q - F_2)l^2}{4EI}$$

（二）再如圖(b)所示，施單位力於彈簧 2 之支承處，樑彎矩圖中之 y 值為

$$y = \frac{2}{3}\left(\frac{1}{2}\right) = \frac{1}{3}$$

依單位力法可有

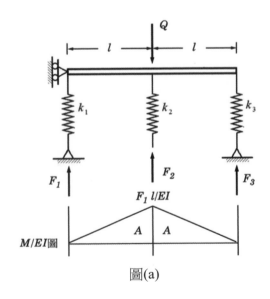

圖(a)

$$0 = -2\left[A\left(\frac{1}{3}\right)\right] + \frac{(-F_1)\left(\frac{1}{2}\right)}{k_1} + \frac{(-F_2)(-1)}{k_2} + \frac{(-F_3)\left(\frac{1}{2}\right)}{k_3}$$

由上式可解得

$F_2 = 4708.57\ kgf$（壓力）

另兩彈簧之內力為

$F_1 = F_3 = 1645.72\ kgf$（壓力）

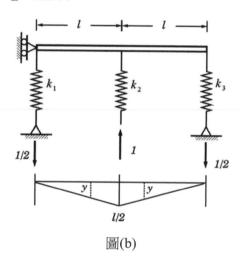

圖(b)

十、 請利用力法（諧和變位法）計算 C 點支承反力，並繪製桿件 BC 的彎矩圖。下圖各桿件之 EI 均相同。（25 分）

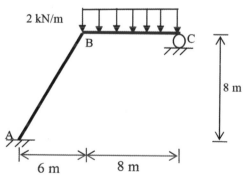

（108 土技-結構分析#3）

參考題解

（一）選取 C 點反力為贅力，繪製外力 $\frac{M}{EI}$ 圖、贅力 $\frac{M}{EI}$ 圖、m 圖

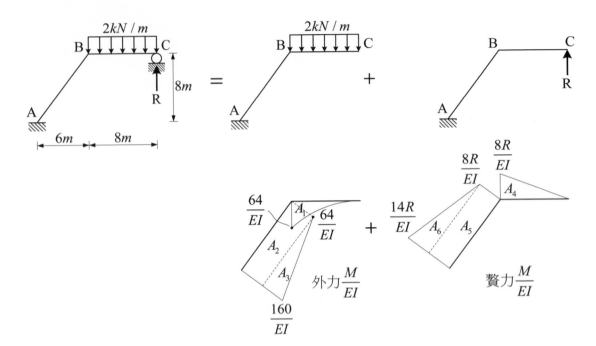

（二）計算 A_i、y_i

$$A_1 = -\frac{1}{3} \times 8 \times \frac{64}{EI} = -\frac{512}{3}\frac{1}{EI} \qquad y_1 = 8 \times \frac{3}{4} = 6$$

$$A_2 = -10 \times \frac{64}{EI} = -\frac{640}{EI} \qquad y_2 = 11$$

$$A_3 = -\frac{1}{2} \times 10 \times \frac{96}{EI} = -\frac{480}{EI} \qquad y_3 = 8 + 6 \times \frac{2}{3} = 12$$

$$A_4 = \frac{1}{2} \times 8 \times \frac{8R}{EI} = \frac{32R}{EI} \qquad y_4 = 8 \times \frac{2}{3} = \frac{16}{3}$$

$$A_5 = 10 \times \frac{8R}{EI} = \frac{80R}{EI} \qquad y_5 = 11$$

$$A_6 = \frac{1}{2} \times 10 \times \frac{6R}{EI} = \frac{30R}{EI} \qquad y_6 = 8 + 6 \times \frac{2}{3} = 12$$

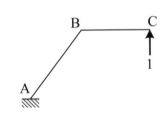

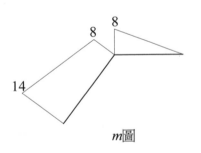

m圖

（三）變形諧和：$\Delta_{CV} = 0$

$$1 \cdot \Delta_{CV} = \int m \frac{M}{EI} dx = \sum A_i y_i = \left(A_1 y_1 + A_2 y_2 + A_3 y_3\right) + \left(A_4 y_4 + A_5 y_5 + A_6 y_6\right)$$

$$\Rightarrow 0 = \left(-\frac{13824}{EI}\right) + \left(\frac{4232}{3}\frac{R}{EI}\right) \quad \therefore R = 9.8 \; kN$$

（四）BC 桿的剪力彎矩圖

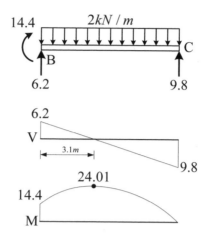

十一、如圖(a)所示之桁架，各桿件都有相同之楊氏模數 E 及斷面積 A。已知對角桿件長 15 m，水平桿件長 12 m，垂直桿件長 9 m。若各桿件之軸拉強度都為 1250 kN，而軸壓強度如下：對角桿件 144 kN、水平桿件 225 kN、垂直桿件 400 kN。今考慮 B 點受一向右之力 P，若 P 由 0 逐漸加大，則 B 點之向右位移 U_B 也會逐漸加大，直至最後桁架會形成破壞機構。試求出破壞機構形成時對應之極限外力，並且以 P 為縱軸 U_B 為橫軸，試繪出加載至破壞機構過程中 P 對 U_B 的定性（大致）關係圖。假設各桿件強度達到之前都是線彈性，而強度達到後，張桿內力可以維持其強度但壓桿內力變為零，此外不論張或壓桿，強度達到後勁度都為零。（25 分）

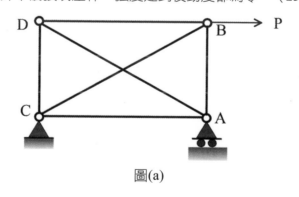

圖(a)

（108 結技-結構學#1）

參考題解

（一）如圖(b)所示，取 S_6 為贅餘力，可得各桿內力如表 [a] 中所示。

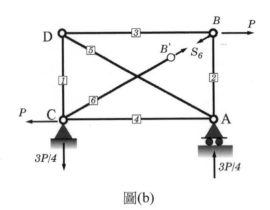

圖(b)

表 [a]　各桿內力（正值表拉力，負值為壓力）

桿件編號	圖(b)	圖(c)	各桿內力	圖(d)
$\boxed{1}$	$\dfrac{3P}{4}-\dfrac{3S_6}{5}$	$-\dfrac{3}{5}$	$0.264P$	$\dfrac{3}{4}$
$\boxed{2}$	$-\dfrac{3S_6}{5}$	$-\dfrac{3}{5}$	$-0.486P$	0
$\boxed{3}$	$P-\dfrac{4S_6}{5}$	$-\dfrac{4}{5}$	$0.352P$	1
$\boxed{4}$	$P-\dfrac{4S_6}{5}$	$-\dfrac{4}{5}$	$0.352P$	1
$\boxed{5}$	$S_6-\dfrac{5P}{4}$	1	$-0.440P$	$-\dfrac{5}{4}$
$\boxed{6}$	S_6	1	$0.810P$	0

（二）如圖(c)所示，在 B 點及 B' 點處施加一對的單位力，各桿內力整理於表 [a] 中。依單位力法可得

$$0=\frac{1}{AE}\left[\left(\frac{3}{5}\right)\left(\frac{3S_6}{5}-\frac{3P}{4}\right)(9)+\left(\frac{3}{5}\right)\left(\frac{3S_6}{5}\right)(9)+\left(\frac{4}{5}\right)\left(\frac{4S_6}{5}-P\right)(12)(2)\right.$$

$$\left.+\left(S_6-\frac{5P}{4}\right)(15)+S_6(1)(15)\right]$$

由上式可得 $S_6=0.810P$。進一步可得各桿內力，如表 [a] 中所示。

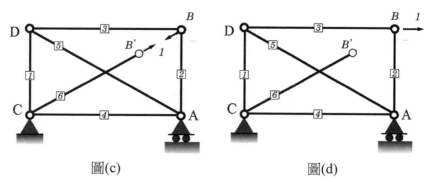

圖(c)　　　　　　　　　　　圖(d)

（三）如圖(d)所示，在 B 點處施加一水平向的單位力，各桿內力如表 [a] 中所示。依單位力法可得 B 點水平位移為

$$U_B = \frac{P}{AE}\left[(0.264)\left(\frac{3}{4}\right)(9)+(0.352)(12)(2)+(0.440)\left(\frac{5}{4}\right)(15)\right]=18.473\frac{P}{AE} \qquad ①$$

（四）由表 [a] 中之各桿內力可知，⑤號桿將先達壓桿強度。令此時之外力為 P_1，可得

$$S_5 = -0.440P_1 = -144\,kN$$

得 $P_1 = 327.27kN$。再由①式得此時 B 點水平位移為 $U_{B1} = \frac{6045.71}{AE}(\rightarrow)$。

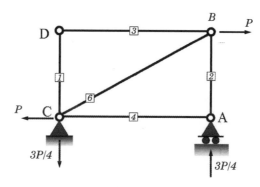

圖(e)

（五）當 ⑤ 號桿件達到壓桿強度之後，結構成為如圖(e)所示之靜定桁架。各桿內力分別為

$$S_1 = S_3 = S_4 = 0 \quad ; \quad S_2 = -\frac{3P}{4} \quad ; \quad S_6 = \frac{5P}{4}$$

B 點水平向位移為

$$U_B = \frac{1}{AE}\left[\left(\frac{3P}{4}\right)\left(\frac{3}{4}\right)(9)+\left(\frac{5P}{4}\right)\left(\frac{5}{4}\right)(15)\right]=28.5\frac{P}{AE} \qquad ②$$

（六）當 ②號桿件達到壓桿強度時，結構形成破壞機構。令極限外力為 P_{max}，可得

$$S_2 = -\frac{3P_{max}}{4} = -400kN$$

得 $P_{max} = 533.33kN$。由②式得此時 B 點水平位移為 $U_{B\,max} = \dfrac{15200}{AE}(\rightarrow)$。施力過程中 $P - U_B$ 關係圖如圖(f)所示。

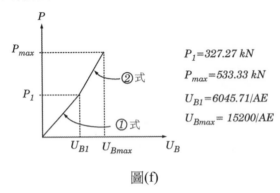

$P_1 = 327.27\ kN$

$P_{max} = 533.33\ kN$

$U_{B1} = 6045.71/AE$

$U_{Bmax} = 15200/AE$

圖(f)

十二、如圖所示之平面桁架結構，*c* 點為鉸支承，*e* 點為滾支承，各桿件都有相同之彈性模數 *E* 值與斷面積 *A* 值，且 $EA = 5250\ kN$，*a* 點承受垂直集中載重 48 *kN*。已知 *bd* 桿件為 3 *kN* 軸拉力、*be* 桿件及 *de* 桿件軸力為零，求桁架其他桿件的軸力及 *b* 點的垂直位移。（25 分）

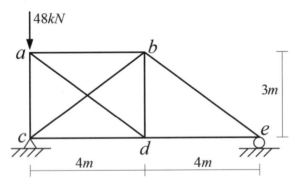

（109 高考-結構學#3）

參考題解

（一）根據題意，可以節點法解出所有桿件內力，如上圖左所示

（二）欲計算 b 點的垂直位移：

 1. 假定選取 bc 桿為贅力桿，則「靜定基元結構」如上圖右所示。現欲計算 b 點垂直位移，便於「靜定基元結構」的 b 點施加 1 單位垂直力，可得各桿件內力如上圖右

所示（即為 n 圖）

2. 以單位力法，列表計算 Δ_{bv}（其中 be 桿、de 桿的 N 值為，故選擇不列入表中）

桿件	N	n	L	nNL
ab	4	$-4/6$	4	$-64/6$
ac	-45	$-1/2$	3	67.5
ad	-5	$5/6$	5	$-125/6$
bc	-5	0	5	0
bd	3	$-3/6$	3	$-27/6$
cd	4	0	4	0
Σ				31.5

$$\Delta_{bv} = \Sigma n \frac{NL}{EA} = \frac{31.5}{EA} = \frac{31.5}{5250} = 0.006m \ (\downarrow)$$

十三、如圖所示結構，承受垂直集中載重 68 kN，a 點為固定端，桿件 ab 及 bc 有相同之彈性模數 E 與慣性矩 I。若不考慮桿件 ab 及 bc 的軸向變形，求 ab 桿件端點彎矩及 c 點反力。（25 分）

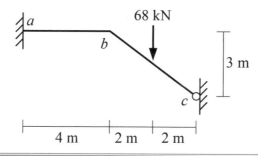

（109 結技-結構學#1）

參考題解

（一）如圖(a)所示，取 c 點支承力 R 為贅餘力，可得

$$V_a = 68 \, kN \quad ; \quad M_a = 3R + 408$$

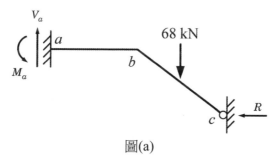

圖(a)

繪圖(a)結構之 M/EI 圖，如圖(b)所示，其中

$$A_1 = \frac{544}{EI} \quad ; \quad A_2 = \frac{4M_a}{EI} \quad ; \quad A_3 = \frac{15R}{4EI}$$

$$A_4 = \frac{15R+1360}{8EI} \quad ; \quad A_5 = \frac{15R}{8EI}$$

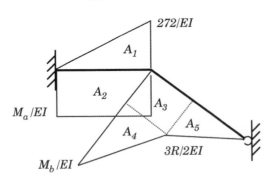

圖(b)

（二）如圖(c)所示，再 c 點施一單位水平力並繪彎矩圖。相應於上述 A_i 面積之形心的高度值為

$$y_1 = -3 \quad ; \quad y_2 = 3 \quad ; \quad y_3 = \frac{9}{4} \quad ; \quad y_4 = \frac{5}{2} \quad ; \quad y_5 = 1$$

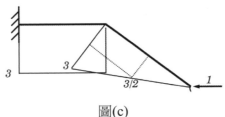

圖(c)

依單位力法可得 c 點水平位移為

$$\Delta_c = A_1 \cdot y_1 + A_2 \cdot y_2 + A_3 \cdot y_3 + A_4 \cdot y_4 + A_5 \cdot y_5$$

$$= \frac{1}{8EI}\left\{4352(-3) + 32(M_a)(3) + 30R\left(\frac{9}{4}\right) + (15R+1360)\left(\frac{5}{2}\right) + 15R(1)\right\} = 0$$

由上式解得 c 點支承力為

$$R = -72.33\,kN = 72.33\,kN\;(\rightarrow)$$

又 ab 桿件端點彎矩為

$$M_{ab} = 3R + 408 = 191.01\,kN \cdot m\,(\circlearrowleft)$$

$$M_{ba} = -(3R+136) = 80.99\,kN \cdot m\,(\circlearrowleft)$$

十四、如圖示結構，a 點為滾支承，c 點為鉸接，d 點為固定端，彈簧係數 $k = 15000$ kN m，梁桿件有相同彈性模數 E 與慣性矩 I，且 $EI = 10000$ kN-m²。求梁桿件的彎矩圖、b 點轉角及垂直位移。（25 分）

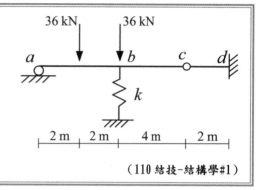

（110 結技-結構學#1）

參考題解

（一）以諧和變位法求解彈簧贅力

$A_1 = 360/EI$ $\qquad y_1 = -4/3$

$A_2 = -72/EI$ $\qquad y_2 = -5/3$

$A_3 = 486/EI$ $\qquad y_3 = -1$

$A_4 = -324/EI$ $\qquad y_4 = -0.5$

$A_5 = -4R/EI$ $\qquad y_5 = -4/3$

$A_6 = 6R/EI$ $\qquad y_6 = -0.5$

$A_7 = -9R/EI$ $\qquad y_7 = -1$

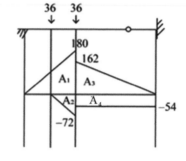
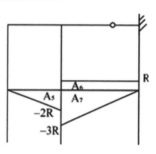

彈簧：$\Delta_{彈} = \dfrac{R}{K}$

（二）變形諧合條件

$$\sum A_i\, y_i + \frac{R}{K} = 0 \Rightarrow \frac{-684 + 11.33R}{EI} + \frac{R}{K} = 0 \quad \therefore R = 57 (KN)$$

（三）求 Δ_b 及 θ_b

1. $\Delta_b = \dfrac{R}{K} = 0.0038\,(m) \downarrow$

2. 以 ab 段力矩面積法求解 θ_b

（1）第二力矩面積定理

$$y_b = y_a + L\theta_a + t_{b/a} \Rightarrow -0.0038 = 0 + 4\theta_a + \left[\frac{360}{EI} \times \frac{4}{3} + \frac{-72}{EI} \times \frac{2}{3} + \frac{-4R^{57}}{EI} \times \frac{4}{3}\right]$$

$$\Rightarrow -0.0038 = 4\theta_a + \frac{128}{EI} \quad \therefore \theta_a = -0.00415$$

（2）第一力矩面積定理

$$\theta_b = \theta_a + A_{ab} \Rightarrow \theta_b = -0.00415 + \left[\frac{360}{EI} + \frac{-72}{EI} + \frac{-4\cancel{R}}{EI}^{57} \right]$$

$$\therefore \theta_b = 0.00185 \left(\curvearrowleft \right)$$

十五、如下圖超靜定桁架，A 點是鉸支承，B 點與 C 點是滾支承，指定 C 點支承的反力 C_Y 為贅力，請以最小功法計算超靜定桁架各支承點的反力與桿件桿力（構件自重不計，使用其他方法或是使用反力 C_Y 以外其他贅力，一律不予計分）。（每小題 5 分，共 30 分）

（一）劃出以反力 C_Y 替代支承點 C 成為靜定桁架 S。

（二）計算承受原載重的靜定桁架 S，如圖(a)各桿件桿力。

（三）計算承受未知反力 C_Y 的靜定桁架 S，如圖(b)各桿件桿力。

（四）依據各桿桿力，列表計算桁架應變能 U 對贅力 C_Y 的偏微分式。

（五）解得 C_Y。

（六）計算各桿桿力。

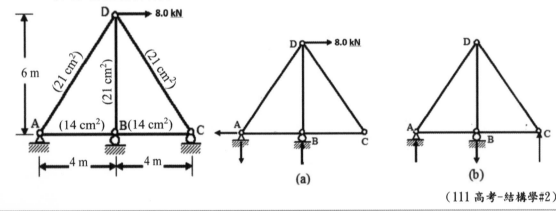

（111 高考-結構學#2）

參考題解

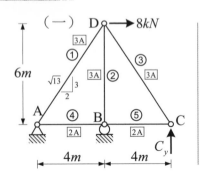

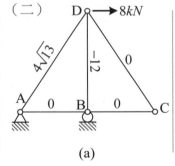

(a)

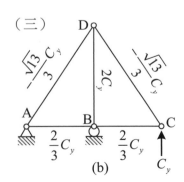

(b)

（四）

桿件	N	$\partial N / \partial C_y$	L	A	$\dfrac{\partial N}{\partial C_y} \cdot \dfrac{NL}{A}$	N $(C_y = 5.36)$
①	$4\sqrt{13} - \dfrac{\sqrt{13}}{3}C_y$	$-\dfrac{\sqrt{13}}{3}$	$2\sqrt{13}$	$3A$	$\left(-41.66 + 3.472C_y\right)/A$	7.98
②	$-12 + 2C_y$	2	6	$3A$	$\left(-48 + 8C_y\right)/A$	-1.28
③	$-\dfrac{\sqrt{13}}{3}C_y$	$-\dfrac{\sqrt{13}}{3}$	$2\sqrt{13}$	$3A$	$3.472C_y / A$	-6.44
④	$\dfrac{2}{3}C_y$	$\dfrac{2}{3}$	4	$2A$	$\dfrac{8}{9}C_y / A$	3.57
⑤	$\dfrac{2}{3}C_y$	$\dfrac{2}{3}$	4	$2A$	$\dfrac{8}{9}C_y / A$	3.57
Σ					$\left(-89.66 + 16.722C_y\right)/A$	

PS：$\begin{cases} A_{AD} = A_{BD} = A_{CD} = 21cm^2 \\ A_{AB} = A_{BC} = 14cm^2 \end{cases} \xrightarrow{\;\Leftrightarrow A=7cm^2\;} \begin{array}{l} A_{AD} = A_{BD} = A_{CD} = 3A \\ A_{AB} = A_{BC} = 2A \end{array}$

（五）$\dfrac{\partial U}{\partial C_y} = 0 \Rightarrow \Sigma \dfrac{\partial N}{\partial C_y} \cdot \dfrac{NL}{EA} = 0 \Rightarrow \left(-89.66 + 16.722C_y\right)/EA = 0 \;\therefore C_y = 5.36\ kN$

（六）將 C_y 帶回，可得各桿件內力（如表格最後一行與下圖）

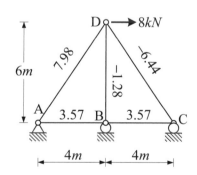

十六、試決定圖中構件 *CD* 與 *EF* 的受力大小，以及 *A* 點與 *B* 點的鉸支承（pin support）作用在構架之水平方向與垂直方向的分力大小。圖示所有構件皆為鉸接（pin joint）。不考慮結構自重影響。（25 分）

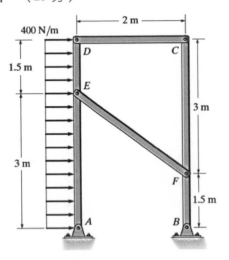

（112 高考-結構學#1）

參考題解

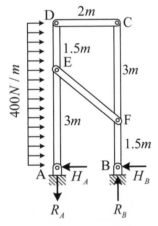 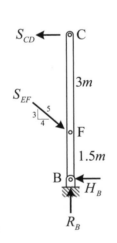 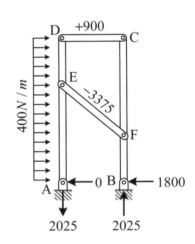

（一）CD、EF 桿為二力桿

（二）整體平衡（上圖左）

$$\sum M_A = 0 \ , \ 400 \times 4.5 \times \frac{4.5}{2} = R_B \times 2 \ \Rightarrow R_B = 2025 \ N \ (\uparrow)$$

（三）拆出 CFB 桿（上圖中）

1. $\sum F_y = 0$, $S_{EF} \times \frac{3}{5} = R_B^{\ 2025} \ \Rightarrow S_{EF} = 3375 \ N$（壓）

2. $\sum M_C = 0$, $\left(S_{EF} \times \dfrac{4}{5}\right) \times 3 = H_B \times 4.5$ $\therefore H_B = 1800\,N$ $(\leftarrow)$

3. $\sum F_x = 0$, $S_{CD} + \cancel{H_B}^{1800} = \cancel{S_{EF}}^{3375} \times \dfrac{4}{5}$ $\therefore S_{CD} = 900\,N$（拉）

（四）整體平衡（上圖左）

$\sum F_x = 0$, $400 \times 4.5 = H_A + \cancel{H_B}^{1800}$ $\therefore H_A = 0$

（五）支承反力與 CD、EF 桿內力如上圖右所示。

十七、試分析一平面構架如下圖所示，點 D 為鉸支承，點 B 為滾支承，假設所有桿件之彈
性模數與斷面慣性矩乘積為 EI = 20,000 kN-m²。若構架中點 D 支承下陷 3 mm 情況
下，為使點 E 垂直向位移為零，試求應在點 F 施加之水平力 P 大小為何？（25 分）

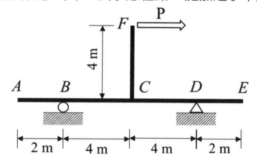

（112 結技-結構學#1）

參考題解

以單位力法計算需施加的水平力 P

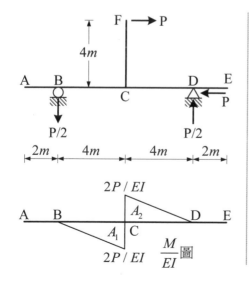

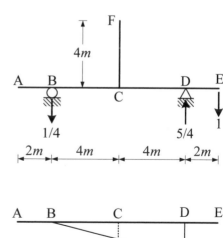

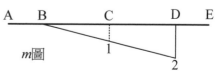

（一）計算 $\sum A_i y_i$

$$A_1 = -\frac{1}{2} \times \frac{2P}{EI} \times 4 = -\frac{4P}{EI} \qquad y_1 = -\frac{2}{3}$$

$$A_2 = \frac{1}{2} \times \frac{2P}{EI} \times 4 = \frac{4P}{EI} \qquad y_2 = -\left(1 + 1 \times \frac{1}{3}\right) = -\frac{4}{3}$$

$$\Rightarrow \sum A_i y_i = A_1 y_1 + A_2 y_2 = \left(-\frac{4P}{EI}\right)\left(-\frac{2}{3}\right) + \left(\frac{4P}{EI}\right)\left(-\frac{4}{3}\right) = -\frac{8}{3}\frac{P}{EI}$$

（二）代入單位力法公式

$$r_s \Delta_s + 1 \cdot \Delta_{EV} = \int m \frac{M}{EI} dx = \sum A_i y_i \Rightarrow -(1.25)(0.003) + 1 \cdot 0 = -\frac{8}{3}\frac{P}{EI} \quad \therefore P = 28.125 \, kN$$

PS：本題中，用不到 CF 段的 M/EI 圖，故未劃入圖中。

十八、二跨連續梁結構如圖，左右側跨距均為 l，其斷面撓曲剛性（flexural rigidity）分別為 EI 與 $2EI$。其左支承為鉸接，右支承為滾接，而中央支承為線彈性支承，其勁度為 k，且 $k = \frac{4EI}{l^3}$。今假設施工時 BD 彈簧的長度比設計值少了 Δ，而強迫拉伸後固定於梁上的 B 點以及基礎的 D 點之間。梁元件僅考慮撓曲變形，請應用最小功法（method of least work）或單位力法（unit-load method）求解 BD 彈簧內力並以合適的方法求 B 點向下位移量。未依指示方法求解者不予計分。（25 分）

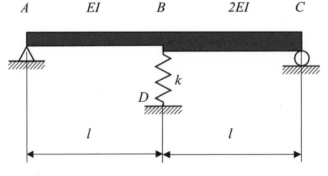

（112 三等-結構學#2）

參考題解

（一）以「鎖住＋開鎖」計算彈簧不足 Δ 對 B 點造成的等值節點載重 P_{eq}

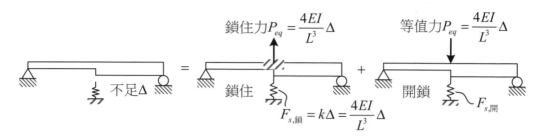

（二）計算**開鎖階段**的彈簧內力 $F_{s,開}$ 與彈簧變形⇒取彈簧內力 $F_{s,開}$ 為贅力 R

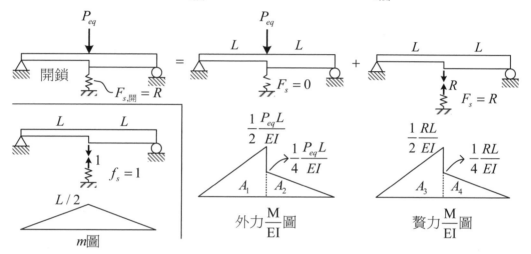

1. 外力對彈簧切口處產生的相對變位 Δ_I

$$A_1 = \frac{1}{2}\left[\frac{1}{2}\frac{P_{eq}L}{EI}\times L\right] = \frac{1}{4}\frac{P_{eq}L^2}{EI} \qquad y_1 = \frac{L}{2}\times\frac{2}{3} = \frac{L}{3}$$

$$A_2 = \frac{1}{2}\left[\frac{1}{4}\frac{P_{eq}L}{EI}\times L\right] = \frac{1}{8}\frac{P_{eq}L^2}{EI} \qquad y_2 = \frac{L}{2}\times\frac{2}{3} = \frac{L}{3}$$

$$1\cdot\Delta_I = \int m\frac{M}{EI}dx + f_s\frac{F_s}{k} = \sum A_i y_i + f_s\frac{F_s}{k} = A_1 y_1 + A_2 y_2 + f_s\frac{F_s}{k}$$

$$= \left(\frac{1}{4}\frac{P_{eq}L^2}{EI}\right)\left(\frac{L}{3}\right) + \left(\frac{1}{8}\frac{P_{eq}L^2}{EI}\right)\left(\frac{L}{3}\right) + (1)\left(\frac{0}{k}\right) = \frac{1}{8}\frac{P_{eq}L^3}{EI}$$

2. 贅力 R 對彈簧切口處產生的相對變位 Δ_{II}

$$A_3 = \frac{1}{2}\left[\frac{1}{2}\frac{RL}{EI}\times L\right] = \frac{1}{4}\frac{RL^2}{EI} \qquad y_3 = \frac{L}{2}\times\frac{2}{3} = \frac{L}{3}$$

$$A_2 = \frac{1}{2}\left[\frac{1}{4}\frac{RL}{EI}\times L\right] = \frac{1}{8}\frac{RL^2}{EI} \qquad y_4 = \frac{L}{2}\times\frac{2}{3} = \frac{L}{3}$$

$$1 \cdot \Delta_{II} = \int m \frac{M}{EI} dx + f_s \frac{F_s}{k} = \sum A_i y_i + f_s \frac{F_s}{k} = A_3 y_3 + A_3 y_3 + f_s \frac{F_s}{k}$$

$$= \left(\frac{1}{4} \frac{RL^2}{EI} \right) \left(\frac{L}{3} \right) + \left(\frac{1}{8} \frac{RL^2}{EI} \right) \left(\frac{L}{3} \right) + (1) \left(\frac{R}{4EI / L^3} \right) = \frac{3}{8} \frac{RL^3}{EI}$$

3. 變位諧和

$$\Delta_I + \Delta_{II} = 0 \Rightarrow \frac{1}{8} \frac{P_{eq} L^3}{EI} + \frac{3}{8} \frac{RL^3}{EI} = 0 \quad \therefore R = -\frac{1}{3} P_{eq} = -\frac{1}{3} \left(\frac{4EI}{L^3} \Delta \right) = F_{s,開}$$

（三）彈簧內力

$$F_s = F_{s,鎖} + F_{s,開} = \frac{4EI}{L^3} \Delta + \left(-\frac{1}{3} \times \frac{4EI}{L^3} \Delta \right) = \frac{8}{3} \frac{EI}{L^3} \Delta \text{（拉力）}$$

（四）B 點變位 Δ_B

1. 鎖住階段 B 點變位：$\Delta_{B,鎖} = 0$

2. 開鎖階段 B 點變位：$\Delta_{B,開} = $ 開鎖階段的彈簧變形量

$$彈簧變形量 = \frac{R}{K} = \frac{-\frac{1}{3} \left(\frac{4EI}{L^3} \Delta \right)}{\frac{4EI}{L^3}} = -\frac{1}{3} \Delta \text{（縮短）} \Rightarrow \Delta_{B,開} = \frac{1}{3} \Delta \ (\downarrow)$$

3. $\Delta_B = \Delta_{B,鎖} + \Delta_{B,開} = 0 + \frac{1}{3} \Delta = \frac{1}{3} \Delta \ (\downarrow)$

Chapter 5 傾角變位法（含彎矩分配法）
重點內容摘要

（一）傾角變位式

1. 一般式

桿件 AB 的傾變位式：$\begin{cases} M_{AB} = 2K_{AB}(2\theta_A + \theta_B - 3R_{AB}) + M_{AB}^F \\ M_{BA} = 2K_{BA}(\theta_A + 2\theta_B - 3R_{AB}) + M_{BA}^F \end{cases}$

2. 遠端修正式（B 端修正）

桿件 AB 的傾變位修正式：$M_{AB} = 2K_{AB}[1.5\theta_A - 1.5R_{AB}] + H_{AB}^F$

（二）常見固端彎矩

1. 一般外力

（1）無修正情況

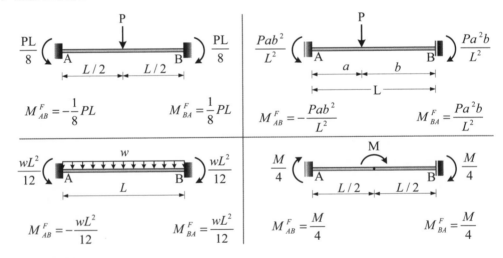

$M_{AB}^F = -\dfrac{1}{8}PL \qquad M_{BA}^F = \dfrac{1}{8}PL$

$M_{AB}^F = -\dfrac{Pab^2}{L^2} \qquad M_{BA}^F = \dfrac{Pa^2b}{L^2}$

$M_{AB}^F = -\dfrac{wL^2}{12} \qquad M_{BA}^F = \dfrac{wL^2}{12}$

$M_{AB}^F = \dfrac{M}{4} \qquad M_{BA}^F = \dfrac{M}{4}$

（2）有修正情況

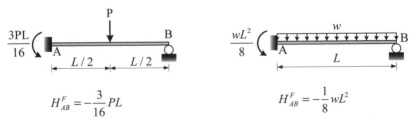

$H_{AB}^F = -\dfrac{3}{16}PL$

$H_{AB}^F = -\dfrac{1}{8}wL^2$

2. 廣義外力

   （1）支承旋轉

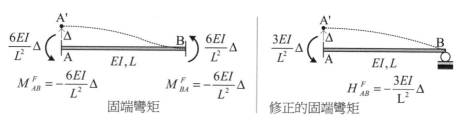

$$M_{AB}^F = \frac{4EI}{L}\theta \qquad M_{BA}^F = \frac{2EI}{L}\theta$$

          固端彎矩   修正的固端彎矩 $H_{AB}^F = \frac{3EI}{L}\theta$

   （2）支承變位

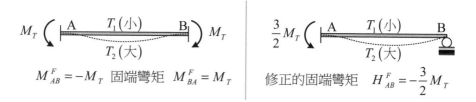

$$M_{AB}^F = -\frac{6EI}{L^2}\Delta \qquad M_{BA}^F = -\frac{6EI}{L^2}\Delta$$

          固端彎矩   修正的固端彎矩 $H_{AB}^F = -\frac{3EI}{L^2}\Delta$

   （3）桿件受不均勻溫差

$$M_{AB}^F = -M_T \text{ 固端彎矩} \quad M_{BA}^F = M_T \qquad\qquad \text{修正的固端彎矩} \quad H_{AB}^F = -\frac{3}{2}M_T$$

（三）投影解法：若結構變位前後，支承間

   1. 「**水平**距離」不變 ⇒「各桿件 R 值」×「**垂直**向投影長」，其總和為零

   2. 「**垂直**距離」不變 ⇒「各桿件 R 值」×「**水平**向投影長」，其總和為零

（四）力平衡方程式的選擇

   1. 有 θ ⇒ 該節點力矩平衡

   2. 有 R ⇒ $\begin{cases} \text{側移方向力平衡} \\ \text{整體結構力矩平衡（以支承處桿件的軸向交點為力矩中心）} \end{cases}$

一、如圖所示之剛架，支承 a、e、f、g 皆為固定端，c 點為鉸接，各桿件都有相同之彈性
模數 E 值與慣性舉 I 值，且 $EI = 20000\ kN - m^2$，bc 桿件承受垂直均布載重
$w = 24\ kN / m$。求固定端 a 點及 g 點的彎矩。（25 分）

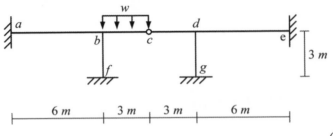

（106 高考-結構學#3）

參考題解

（一）固端彎矩：$H_{bc}^F = -\dfrac{1}{8} wL^2 = -\dfrac{1}{8}(24)(3^2) = -27$

（二）K 值比 $\Rightarrow k_{ab} : k_{bc} : k_{bf} : k_{cd} : k_{de} : k_{dg} = \dfrac{EI}{6} : \dfrac{EI}{3} : \dfrac{EI}{3} : \dfrac{EI}{3} : \dfrac{EI}{6} : \dfrac{EI}{3} = 1 : 2 : 2 : 2 : 1 : 2$

（三）R 值比：$R_{bc} = R$；$R_{cd} = -R$

（四）傾角變位式

$M_{ab} = 1[\theta_b] = \theta_b$

$M_{ba} = 1[2\theta_b] = 2\theta_b$

$M_{bc} = 2[1.5\theta_b - 1.5R] - 27 = 3\theta_b - 3R - 27$

$M_{bf} = 2[2\theta_b] = 4\theta_b$

$M_{fb} = 2[\theta_b] = 2\theta_b$

$M_{dc} = 2[1.5\theta_d - 1.5(-R)] = 3\theta_d + 3R$

$M_{de} = 1[2\theta_d] = 2\theta_d$

$M_{ed} = 1[\theta_d] = \theta_d$

$M_{dg} = 2[2\theta_d] = 4\theta_d$

$M_{gd} = 2[\theta_d] = 2\theta_d$

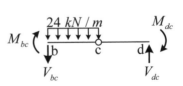

（五）力平衡條件

1. $\sum M_b = 0$, $M_{ba} + M_{bc} + M_{bf} = 0 \Rightarrow 9\theta_b - 3R = 27$

2. $\sum M_d = 0$, $M_{dc} + M_{de} + M_{dg} = 0 \Rightarrow 9\theta_d + 3R = 0$

3. bcd 桿垂直力平衡：$24 \times 3 + V_{bc} = V_{dc}$

$$\Rightarrow 72 + \left(\frac{M_{bc}}{3} - 36 \right) = \frac{M_{dc}}{3} \Rightarrow 3\theta_b - 3\theta_d - 6R = -81$$

聯立上三式，可解得 $\begin{cases} \theta_b = 10.5 \\ \theta_d = -7.5 \\ R = 22.5 \end{cases}$

（六）帶回傾角變位式

$$M_{ab} = \theta_b = 10.5 \ kN - m \ (\curvearrowright) \ = M_a$$

$$M_{gd} = 2\theta_d = -15 \ kN - m \ (\curvearrowleft) = M_g$$

二、圖為剛架結構，尺寸和載重如圖所示，點 A 和點 D 為鉸支承，點 B 和點 C 為固接，所有桿件的彈性模數 E 與斷面慣性矩 I 皆為定值。試以傾角變位法求各桿件端點之彎矩，以及點 A 和點 D 之轉角（需註明方向，採用其它方法計算不予計分）。（30 分）

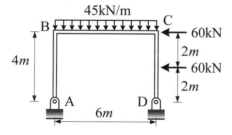

（106 結技-結構學#3）

參考題解

（一）外力固端彎矩

$$M_{BC}^F = -\frac{1}{12} \times 45 \times 6^2 = -135 \ kN - m$$

$$M_{CB}^F = \frac{1}{12} \times 45 \times 6^2 = 135 \ kN - m$$

$$H_{CD}^F = -\frac{3}{16} \times 60 \times 4 = -45 \ kN - m$$

（二）K 值比 $\Rightarrow k_{AB} : k_{BC} : k_{CD} := \dfrac{EI}{4} : \dfrac{EI}{6} : \dfrac{EI}{4} = 3 : 2 : 3$

（三）R 值比 $\Rightarrow R_{AB} = R_{CD} = R$

（四）列傾角變位式

$$M_{BA} = 3[1.5\theta_B - 1.5R] = 4.5\theta_B - 4.5R$$

$$M_{BC} = 2[2\theta_B + \theta_C] - 135 = 4\theta_B + 2\theta_C - 135$$

$$M_{CB} = 2[\theta_B + 2\theta_C] + 135 = 2\theta_B + 4\theta_C + 135$$

$$M_{CD} = 3[1.5\theta_C - 1.5R] - 45 = 4.5\theta_C - 4.5R - 45$$

（五）力平衡方程式

1. $\sum M_B = 0$, $M_{BA} + M_{BC} = 0 \Rightarrow 8.5\theta_B + 2\theta_C - 4.5R = 135$

2. $\sum M_C = 0$, $M_{CB} + M_{CD} = 0 \Rightarrow 2\theta_B + 8.5\theta_C - 4.5R = -90$

3. $\sum F_x = 0$, $\dfrac{M_{BA}}{4} + \dfrac{M_{CD}}{4} + 30 = 120$

$\Rightarrow M_{BA} + M_{CD} = 360$ $\therefore 4.5\theta_B + 4.5\theta_C - 9R = 405$

聯立可得 $\begin{cases} \theta_B = -12.692 \\ \theta_C = -47.308 \\ R = -75 \end{cases}$

（六）將 θ_B , θ_C , R 帶回傾角變位式，得各桿端彎矩

$$M_{BA} = 4.5\theta_B - 4.5R = 280.38$$

$$M_{BC} = 4\theta_B + 2\theta_C - 135 = -280.38$$

$$M_{CB} = 2\theta_B + 4\theta_C + 135 = -79.62$$

$$M_{CD} = 4.5\theta_C - 4.5R - 45 = 79.62$$

（七）計算 θ_A

1. $M_{BA} = 3[1.5\theta_B - 1.5R]$ （相對式）

   $M_{BA} = \dfrac{2EI}{4}[1.5\theta_B - 1.5R_{AB}]$ （真實式）

   （1） $3 \times 1.5(-12.692) = \dfrac{2EI}{4}(1.5\theta_B)$ $\therefore \theta_B = -\dfrac{76.152}{EI}(\curvearrowleft)$

   （2） $3 \times 1.5(-75) = \dfrac{2EI}{4}(1.5R_{AB})$ $\therefore R_{AB} = -\dfrac{450}{EI}(\curvearrowleft)$

2. $M_{AB} = \dfrac{2EI}{4}[2\theta_A + \theta_B - 3R_{AB}] \Rightarrow 0 = \dfrac{2EI}{4}\left[2\theta_A + \left(-\dfrac{76.152}{EI}\right) - 3\left(-\dfrac{450}{EI}\right)\right]$

$\therefore \theta_A = -\dfrac{636.92}{EI}$

（八）計算 θ_D

1. $M_{CD} = 3[1.5\theta_C - 1.5R] - 45$ （相對式）

$M_{CD} = \dfrac{2EI}{4}[1.5\theta_C - 1.5R_{CD}] - 45$ （真實式）

（1） $3 \times 1.5(-47.308) = \dfrac{2EI}{4}(1.5\theta_C)$ $\therefore \theta_C = -\dfrac{283.85}{EI}(\frown)$

（2） $3 \times 1.5(-75) = \dfrac{2EI}{4}(1.5R_{CD})$ $\therefore R_{CD} = -\dfrac{450}{EI}(\frown)$

2. $M_{DC} = \dfrac{2EI}{4}[2\theta_D + \theta_C - 3R_{CD}] + 30 \Rightarrow 0 = \dfrac{2EI}{4}\left[2\theta_D + \left(-\dfrac{283.85}{EI}\right) - 3\left(-\dfrac{450}{EI}\right)\right] + 30$

$\therefore \theta_D = -\dfrac{563.08}{EI}$

三、如圖所示連續梁，均布載重為 2 t/m，請計算每根梁兩端及中央之彎矩。令每根梁之 $\frac{EI}{L}$ = 1。（25 分）

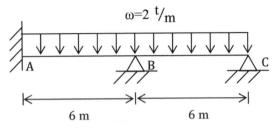

（107 三等-結構學#3）

參考題解

（一）由傾角變位法公式，各桿端彎矩分別可表為

$$M_{AB} = \frac{EI}{L}[2\theta_B] + \frac{\omega L^2}{12} = 2\bar{\theta} + \frac{\omega L^2}{12}$$

$$M_{BA} = \frac{EI}{L}[4\theta_B] - \frac{\omega L^2}{12} = 4\bar{\theta} - \frac{\omega L^2}{12}$$

$$M_{BC} = \frac{EI}{L}[3\theta_B] + \frac{\omega L^2}{8} = 3\bar{\theta} + \frac{\omega L^2}{8}$$

上述式中之 $\bar{\theta} = \frac{EI}{L}\theta_B$；$L = 6\,m$。考慮 B 點的隔矩平衡，可得

$$M_{BA} + M_{BC} = 7\bar{\theta} + \frac{\omega L^2}{24} = 0$$

由上式解得 $\bar{\theta} = -\frac{\omega L^2}{168}$。故各桿端彎矩為

$$M_{AB} = 5.143\,t \cdot m \ (\circlearrowleft) ; \ M_{BA} = -7.714\,t \cdot m \ (\circlearrowright)$$

$$M_{BC} = 7.714\,t \cdot m \ (\circlearrowleft)$$

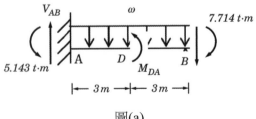

圖(a)

（二）參圖(a)所式之 AB 段桿件，其中

$$V_{AB} = \frac{(5.143 - 7.714) + 6\omega(3)}{6} = 5.572\,t$$

故中央 D 點之彎矩為

$$M_{DA} = V_{AB}(3) - 5.143 - 3\omega\left(\frac{3}{2}\right) = 2.572\ t \cdot m \ (\circlearrowleft)$$

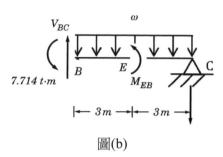

圖(b)

（三）參圖(b)所示之 BC 段桿件，其中

$$V_{BC} = \frac{7.714 + 6\omega(3)}{6} = 7.286\ t$$

故中央 E 點之彎矩為

$$M_{EB} = V_{BC}(3) - 7.714 - 3\omega\left(\frac{3}{2}\right) = 5.143\ t \cdot m \ (\circlearrowleft)$$

四、試以傾角變位法求解圖所示構架桿件 AB 及 BC 之桿端彎矩（以其他方法求解一律不予計分）。（25 分）

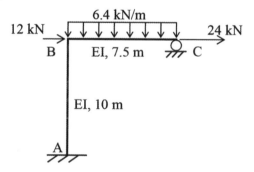

（108 高考-結構學#3）

參考題解

（一）固端彎矩：$H_{BC}^F = -\frac{1}{8}(6.4)(7.5^2) = -45\ kN-m$

（二）相對 K 值比 $\Rightarrow k_{BA} : k_{BC} = \frac{EI}{10} : \frac{EI}{7.5} = 3 : 4$

（三）R 值比：令 $R_{AB} = R$

（四）列傾角變位式

$$M_{AB} = 3[\theta_B - 3R] = 3\theta_B - 9R$$

$$M_{BA} = 3[2\theta_B - 3R] = 6\theta_B - 9R$$

$$M_{BC} = 4[1.5\theta_B] - 45 = 6\theta_B - 45$$

（五）列平衡方程式

1. $\sum M_B = 0$, $M_{BA} + M_{BC} = 0 \Rightarrow 12\theta_B - 9R = 45$

2. $\sum F_x = 0$, $\dfrac{M_{AB} + M_{BA}}{10} + 12 + 24 = 0 \Rightarrow 9\theta_B - 18R = -360$

　　聯立上二式，可得 $\begin{cases} \theta_B = 30 \\ R = 35 \end{cases}$

（六）θ_B, R 帶回傾角變位式，得各桿端彎矩

$$M_{AB} = 3\theta_B - 9R = -225 \ kN-m \quad (\curvearrowleft)$$

$$M_{BA} = 6\theta_B - 9R = -135 \ kN-m \quad (\curvearrowleft)$$

$$M_{BC} = 6\theta_B - 45 = 135 \ kN-m \quad (\curvearrowright)$$

$$M_{CB} = 0$$

五、試以彎矩分配法求解圖所示結構桿件 AB 及 BC 之桿端彎矩，其中集中力係作用於 AB 中點（以其他方法求解一律不予計分）。（25 分）

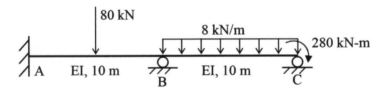

（108 高考-結構學#4）

參考題解

（一）外力造成之固端彎矩

$$M_{AB}^F = -\frac{1}{8} \times 80 \times 10 = -100 \ kN-m \qquad M_{BA}^F = 100 \ kN-m$$

$$M_{BC}^F = -\frac{1}{12} \times 8 \times 10^2 = -66.67 \ kN-m \qquad M_{CB}^F = 66.67 \ kN-m$$

（二）無側移造成的固端彎矩。

（三）分配係數比

B 點：$D_{BA} : D_{BC} = \dfrac{4EI}{10} : \dfrac{4EI}{10} = 1:1$

C 點：$D_{CB} = \dfrac{4EI}{10} \Rightarrow 令 D_{CB} = 1$

（四）列綜合彎矩分配表

節點	A	B		C
桿端	AB	BA	BC	CB
D.F		1	1	1
F.E.M	-100	100	-66.67	66.67
D.M		$2x$	$2x$	$2y$
C.O.M	x		y	x
$\sum$	$x-100$	$2x+100$	$2x+y-66.67$	$x+2y+66.67$
M	-140	20	-20	280

（五）力平衡方程式

1. $\sum M_B = 0$, $M_{BA} + M_{BC} = 0 \Rightarrow 4x + y = -33.33$

2. $\sum M_C = 0$, $M_{CB} = 280 \Rightarrow x + 2y = 213.33$

   聯立上二式，可解得 $\begin{cases} x = -40 \\ y = 126.66 \end{cases}$

（六）將 x、y 代回綜合彎矩分配表可得各桿端彎矩（表格最後一列）。

（七）AB 及 BC 之桿端彎矩

$M_{AB} = -140 \, kN-m$ （$\curvearrowleft$）

$M_{BA} = 20 \, kN-m$ （$\curvearrowright$）

$M_{BC} = -20 \, kN-m$ （$\curvearrowleft$）

$M_{CB} = 280 \, kN-m$ （$\curvearrowright$）

六、請利用力矩分配法計算各桿件端點力矩。桿件 EI 值比例標示於下圖。（25 分）

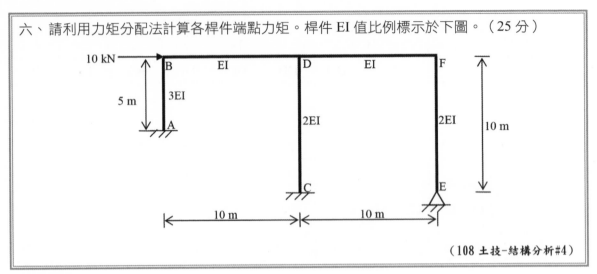

（108 土技－結構分析#4）

參考題解

（一）固端彎矩

1. 外力造成的固彎：無

2. 側移造成的固彎：

$$\begin{cases} M_{AB}^F = M_{BA}^F = -\dfrac{6(3EI)\Delta}{5^2} = -\dfrac{18}{25}EI\Delta \\[2mm] M_{CD}^F = M_{DC}^F = -\dfrac{6(2EI)\Delta}{10^2} = -\dfrac{12}{100}EI\Delta \\[2mm] H_{FE}^F = -\dfrac{3(2EI)\Delta}{10^2} = -\dfrac{6}{100}EI\Delta \end{cases} \Rightarrow 令 \dfrac{6}{100}EI\Delta = z \;,\; 則 \begin{cases} M_{AB}^F = M_{BA}^F = -12z \\[2mm] M_{CD}^F = M_{DC}^F = -2z \\[2mm] H_{FE}^F = -z \end{cases}$$

（二）分配係數 D

1. B 節點：$D_{BA} : D_{BD} = \dfrac{4(3EI)}{5} : \dfrac{4(EI)}{10} = 6 : 1$

2. D 節點：$D_{DB} : D_{DC} : D_{DF} = \dfrac{4(EI)}{10} : \dfrac{4(2EI)}{10} : \dfrac{4(EI)}{10} = 1 : 2 : 1$

3. F 節點：$D_{FD} : D_{FE} = \dfrac{4(EI)}{10} : \dfrac{4(2EI)}{10} \times \dfrac{3}{4} = 2 : 3$

（三）綜合彎矩分配表

節點	A	B		D			F		C
桿端	AB	BA	BD	DB	DC	DF	FD	FE	CD
D.F		6	1	1	2	1	2	3	
F.E.M	$-12z$	$-12z$			$-2z$			$-z$	$-2z$
D.M		$12x$	$2x$	$2y$	$4y$	$2y$	$2w$	$3w$	
C.O.M	$6x$		y	x		w	y		$2y$
Σ	$6x-12z$	$12x-12z$	$2x+y$	$x+2y$	$4y-2z$	$2y+w$	$y+2w$	$-z$ $+3w$	$2y$ $-2z$
	-32.6	-8.6	8.6	5.15	-7.13	1.98	2.23	-2.23	-8.28

（四）力平衡條件

1. $\sum M_B = 0$, $M_{BA} + M_{BD} = 0 \Rightarrow 14x + y - 12z = 0$ ………………… ①

2. $\sum M_D = 0$, $M_{DB} + M_{DC} + M_{DF} = 0 \Rightarrow x + 8y - 2z + w = 0$ ……… ②

3. $\sum M_F = 0$, $M_{FD} + M_{FE} = 0 \Rightarrow y - z + 5w = 0$ ………………… ③

4. $\sum F_x = 0$, $\dfrac{M_{AB} + M_{BA}}{5} + \dfrac{M_{CD} + M_{DC}}{10} + \dfrac{M_{FE}}{10} + 10 = 0$

   $\Rightarrow 2\left(M_{AB} + M_{BA}\right) + \left(M_{CD} + M_{DC}\right) + M_{FE} = -100$

   $\Rightarrow 36x + 6y - 53z + 3w = -100$ ………………………… ④

   聯立①②③④，可得：$\begin{cases} x = 4 \\ y = 0.576 \\ z = 4.717 \\ w = 0.828 \end{cases}$

（五）帶回彎矩分配表，可得各桿端彎矩，如表格最後一列。

七、 如圖所示受均布載重 w 之三跨連續梁，考慮支承 B 及支承 C 都向下沉陷，且沉陷量相同。當沉陷量增加時，支承 A 及 D 垂直反力會增加，而支承 B 及 C 垂直反力會減少。試問當沉陷量為多少時，支承 A 垂直反力會增加 0.1 wL？試以傾角變位法求解。以其他方法作答者一律不予以計分。（25 分）

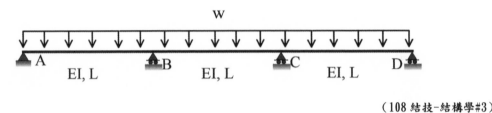

（108 結技-結構學#3）

參考題解

（一）考慮支承 B 及 C 的沉陷時，節點連線如下圖所示，其中

$$\phi = \frac{\Delta}{L}$$

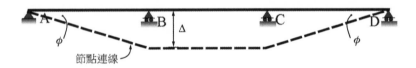

節點連線

（二）各桿的固端彎矩為

$$H_{BA} = -\frac{\omega L^2}{8} \ \ (\circlearrowright) \quad ; \quad F_{BC} = \frac{\omega L^2}{12} \ \ (\circlearrowleft)$$

由傾角變位法公式，各桿端彎矩分別可表為

$$M_{BA} = \frac{EI}{L}\left[3\theta_B - 3(-\phi)\right] - \frac{\omega L^2}{8} = 3\bar{\theta} + 3\bar{\phi} - 3\bar{\omega}$$

$$M_{BC} = \frac{EI}{L}\left[4\theta_B + 2(-\theta_B)\right] + \frac{\omega L^2}{12} = 2\bar{\theta} + 2\bar{\omega}$$

上列式中之 $\bar{\theta} = \frac{EI}{L}\theta_B$ ； $\bar{\phi} = \frac{EI}{L}\phi$ ； $\bar{\omega} = \frac{\omega L^2}{24}$ 。

（三）考慮 B 點的隅矩平衡，可得

$$5\bar{\theta} + 3\bar{\phi} - \bar{\omega} = 0$$

解出 $\bar{\theta} = \frac{\bar{\omega} - 3\bar{\phi}}{5}$ 。

（四）前述桿端彎矩 M_{BA} 為

$$M_{BA} = \frac{6\bar{\phi} - 12\bar{\omega}}{5}$$

故 A 點支承力 R_A 為

$$R_A = \frac{M_{BA} + \frac{\omega L^2}{2}}{L} = \frac{6EI}{5L^3}\Delta + \frac{2\omega L}{5}(\uparrow)$$

依題意可知

$$\frac{6EI}{5L^3}\Delta = \frac{\omega L}{10}$$

故得沉陷量Δ為

$$\Delta = \frac{\omega L^4}{12EI}$$

八、如圖所示構架，集中力係垂直作用於桿件 BC 中點；試以傾角變位法求取各桿件之桿端彎矩，假設桿端彎矩採順時針為正。（以其他方法作答者一律不予以計分）（25 分）

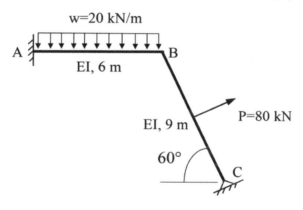

（108 三等-結構學#3）

參考題解

（一）兩桿件均無側移，又桿件的固端彎矩各為

$$F_{AB} = -60kN \cdot m\,(\circlearrowleft)\,;\ F_{BA} = 60kN \cdot m\,(\circlearrowright)\,;\ H_{BC} = 135kN \cdot m\,(\circlearrowright)$$

由傾角變位法公式，各桿端彎矩為

$$M_{AB} = \frac{EI}{6}\left[2\theta_B\right] - 60 = \overline{\theta}_B - 60$$

$$M_{BA} = \frac{EI}{6}\left[4\theta_B\right] + 60 = 2\overline{\theta}_B + 60$$

$$M_{BC} = \frac{EI}{9}\left[3\theta_B\right] + 135 = \overline{\theta}_B + 135$$

上列式中之 $\overline{\theta}_B = \dfrac{EI}{3}\theta_B$。

（二）考慮 B 點的隅矩平衡，可得

$3\overline{\theta}_B + 195 = 0$

解出　$\overline{\theta}_B = -65kN \cdot m$。故各桿端彎矩為

$M_{AB} = -125kN \cdot m\,(\circlearrowleft)$；$M_{BA} = -70kN \cdot m\,(\circlearrowleft)$；$M_{BC} = 70kN \cdot m\,(\circlearrowright)$

九、 如圖所示剛架，a 點及 d 點為鉸支承，各桿件有相同之彈性模數 E 值與慣性矩 I 值，
ab 桿件承受水平均布載重 6 kN/m，c 點承受垂直集中載重 16 kN。不考慮各桿件的軸
向變形，求各支承反力及 bc 桿件的端點彎矩。（25 分）

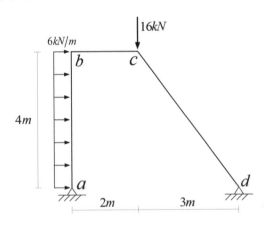

（109 高考－結構學#2）

參考題解

（一）固端彎矩：$H_{ba}^{F} = \dfrac{1}{8}(6)(4)^2 = 12\ kN\text{-}m$

（二）k 值比：$k_{ab} : k_{bc} : k_{cd} = \dfrac{EI}{4} : \dfrac{EI}{2} : \dfrac{EI}{5} = 5 : 10 : 4$

（三）R 值比：$\begin{cases} R_{ab} \times 4 - R_{cd} \times 4 = 0 \\ R_{bc} \times 2 + R_{cd} \times 3 = 0 \end{cases} \Rightarrow \diamondsuit \begin{cases} R_{ab} = 2R \\ R_{bc} = -3R \\ R_{cd} = 2R \end{cases}$

（四）列傾角變位式

$$M_{ba} = 5\left[1.5\theta_b - 1.5(2R)\right] + 12 = 7.5\theta_b - 15R + 12$$

$$M_{bc} = 10\left[2\theta_b + \theta_c - 3(-3R)\right] = 20\theta_b + 10\theta_c + 90R$$

$$M_{cb} = 10\left[\theta_b + 2\theta_c - 3(-3R)\right] = 10\theta_b + 20\theta_c + 90R$$

$$M_{cd} = 4\left[1.5\theta_c - 1.5(2R)\right] = 6\theta_c - 12R$$

（五）力平衡

1. $\sum M_b = 0$, $M_{ba} + M_{bc} = 0 \Rightarrow 27.5\theta_b + 10\theta_C + 75R = -12$ ············· ①

2. $\sum M_c = 0$, $M_{cb} + M_{cd} = 0 \Rightarrow 10\theta_b + 26\theta_c + 78R = 0$ ················· ②

3. $\sum M_o = 0$, $V_{ab} \times \left(4 + \dfrac{8}{3}\right) + V_{dc} \times \left(5 + \dfrac{10}{3}\right) + 6 \times 4 \times \left(2 + \dfrac{8}{3}\right) = 16 \times 2$

$\Rightarrow \left(\dfrac{M_{ba}}{4} - 12\right) \times \left(\dfrac{20}{3}\right) + \dfrac{M_{dc}}{5} \times \dfrac{25}{3} + 112 = 32 \Rightarrow \dfrac{20}{12} M_{ba} + \dfrac{25}{15} M_{cd} = 0$

$\therefore M_{ba} + M_{cd} = 0 \Rightarrow 7.5\theta_b + 6\theta_C - 27R = -12$ ····························· ③

聯立①②③可得 $\begin{cases} \theta_b = -0.832 \\ \theta_c = -0.192 \\ R = 0.171 \end{cases}$

（六）帶回傾角變位式，可得桿端彎矩

$$M_{ba} = 7.5\theta_b - 15R + 12 = 3.2 \ kN-m$$

$$M_{bc} = 20\theta_b + 10\theta_c + 90R = -3.2 \ kN-m$$

$$M_{cb} = 10\theta_b + 20\theta_c + 90R = 3.2 \ kN-m$$

$$M_{cd} = 6\theta_c - 12R = -3.2 \ kN-m$$

（七）bc 端的彎矩

$$M_{bc} = -3.2 \ kN-m \ (\frown)$$

$$M_{cb} = 3.2 \ kN-m \ (\frown)$$

（八）各支承反力

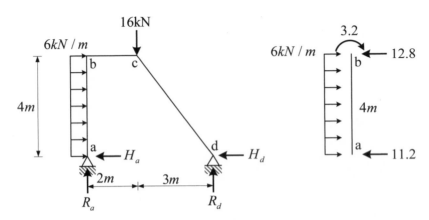

1. 整體力矩平衡：$\sum M_d = 0$，$R_a \times 5 + (6 \times 4) \times 2 = 16 \times 3$ $\therefore R_a = 0$

2. 整體垂直力平衡：$\sum F_y = 0$，$R_a^{\,0} + R_d = 16$ $\therefore R_d = 16\ kN(\uparrow)$

3. $V_{ab} = 11.2\ kN \Rightarrow H_a = 11.2 kN\ (\leftarrow)$

4. 整體水平力平衡：$\sum F_x = 0$，$H_a + H_d = 6 \times 4$ $\therefore H_d = 12.8\ kN(\leftarrow)$

十、假設圖之構架中各桿件之 EI 均相同，試以傾角變位法（Slope Deflection Method）求解各桿件之桿端彎矩及 D 點的反力（以其他方法求解一律不予計分）。（25 分）

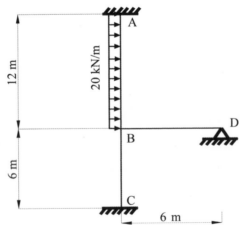

（109 三等-結構學#3）

參考題解

（一）各桿件均無側移。又 AB 桿件的固端彎矩為

$$F_{AB} = -\frac{20(12)^2}{12} = -240\,kN \cdot m\,(\circlearrowright)$$

$$F_{BA} = \frac{20(12)^2}{12} = 240\,kN \cdot m\,(\circlearrowleft)$$

（二）由傾角變位法公式，各桿端彎矩為

$$M_{AB} = \frac{EI}{12}[2\theta_B] - 240 = \overline{\theta} - 240$$

$$M_{BA} = \frac{EI}{12}[4\theta_B] + 240 = 2\overline{\theta} + 240$$

$$M_{BD} = \frac{EI}{6}[3\theta_B] = 3\overline{\theta}$$

$$M_{BC} = \frac{EI}{6}[4\theta_B] = 4\overline{\theta}$$

$$M_{CB} = \frac{EI}{6}[2\theta_B] = 2\overline{\theta}$$

上列式中之 $\overline{\theta} = \dfrac{EI}{6}\theta_B$。考慮 B 點的隅矩平衡，可得

$$9\overline{\theta} + 240 = 0$$

解得

$$\overline{\theta} = -\frac{80}{3}\,kN \cdot m$$

（三）上述各桿端彎矩為

$$M_{AB} = -\frac{800}{3}\,kN \cdot m\,(\circlearrowright)\;;\;\; M_{BA} = \frac{560}{3}\,kN \cdot m\,(\circlearrowleft)$$

$$M_{BD} = -80\,kN \cdot m\,(\circlearrowright)\;;\;\; M_{BC} = -\frac{320}{3}\,kN \cdot m\,(\circlearrowright)$$

$$M_{CB} = -\frac{160}{3}\,kN \cdot m\,(\circlearrowright)$$

（四）參照圖(a)所示整體結構的自由體圖，其中

$$V_{AB} = \frac{M_{AB} + M_{BA} - 240(6)}{12} = -126.67\,kN$$

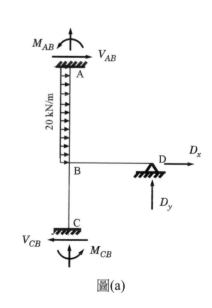

圖(a)

$$V_{CB} = \frac{M_{BC} + M_{CB}}{6} = -26.67\ kN$$

而由整體水平方向的力平衡，可得 D 點水平力為

$$D_x = -V_{AB} - 240 + V_{CB} = -140\ kN\,(\leftarrow)$$

又 D 點垂直力為

$$D_y = -V_{DB} = -\frac{M_{BD}}{6} = \frac{40}{3}\ kN\,(\uparrow)$$

十一、圖之梁桿件 A 點為固定支承（Fixed Support），在圖示載重下（AB 桿件的中點有集中載重 1000 kN 及 CD 桿件的端點 D 有集中彎矩 200 kN-m），試以彎矩分配法（Moment Distribution Method）求解各桿件之桿端彎矩及繪此整支梁的剪力圖與彎矩圖，其中 AB 桿件斷面性質為 EI，BC 桿及 CD 桿斷面性質為 2EI（以其他方法求解一律不予計分）。（25 分）

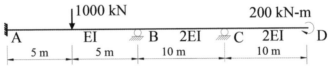

（109 三等-結構學#4）

參考題解

（一）取如圖(a)所示的靜不定部分作分析。AB 桿件與 BC 桿件的固端彎矩分別為

$$F_{AB} = \frac{1000(10)}{8} = 1250\ kN \cdot m\,(\circlearrowleft)\ ;\ F_{BA} = -1250\ kN \cdot m\,(\circlearrowright)$$

$$H_{BC} = -100\ kN \cdot m\,(\circlearrowright)$$

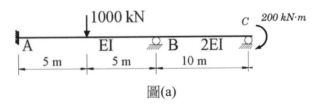

圖(a)

（二）節點 B 處之桿端旋轉勁度的比值如下

$$S_{BA} : S_{BC} = \frac{4EI}{10} : \frac{3(2EI)}{10} = 2 : 3$$

列表作彎矩分配的計算，如下表所示。

	AB	BA	BC
d.f.		2/5	3/5
FEM	1250	−1250	−100
DM		2x	3x
COM	x		

考慮 B 點處的隅矩平衡方程式，可得

$$5x - 1350 = 0$$

解得 $x = 270\ kN \cdot m$。所以各桿端彎矩為

$$M_{AB} = 1520\ kN \cdot m\ (\circlearrowleft)\ ;\ M_{BA} = -710\ kN \cdot m\ (\circlearrowright)$$

$$M_{BC} = 710\ kN \cdot m\ (\circlearrowleft)\ ;\ M_{CD} = 200\ kN \cdot m\ (\circlearrowleft)$$

（三）桿件的剪力圖及彎矩圖如圖(b)中所示。

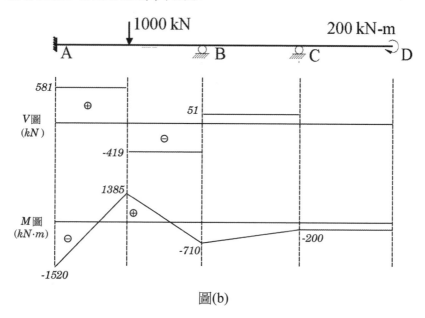

圖(b)

十二、如圖所示剛構架，a 點與 d 點為固定支承，b 點為鉸接點，在 e 點上有一集中載重 10 kN，各桿件之 EI 值皆相同。利用傾角變位法（slope-deflection method）求各桿件端點之彎矩以及 b 點之轉角。（若使用其他方法，本題以零分計。）（25 分）

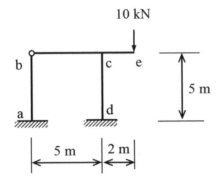

10 kN

5 m

5 m | 2 m

（109 司法－結構分析#4）

參考題解

（一）採用如圖(a)所示之靜不定部分作分析，節點連線如虛線所示。

由傾角變位法公式，各桿端彎矩分別可表為

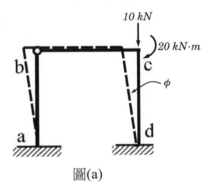

圖(a)

$$M_{ab} = \frac{EI}{5}[0 - 3\phi] = -3\bar{\phi}$$

$$M_{cb} = \frac{EI}{5}[3\theta_c] = 3\bar{\theta}_c$$

$$M_{cd} = \frac{EI}{5}[4\theta_c - 6\phi] = 4\bar{\theta}_c - 6\bar{\phi}$$

$$M_{dc} = \frac{EI}{5}[2\theta_c - 6\phi] = 2\bar{\theta}_c - 6\bar{\phi}$$

上列式中之 $\bar{\theta}_c = \frac{EI}{5}\theta_c$ ； $\bar{\phi} = \frac{EI}{5}\phi$ 。

（二）考慮 c 點的隅矩平衡，可得

$$7\bar{\theta}_c - 6\bar{\phi} + 20 = 0 \qquad ①$$

另外，參照圖(b)所示整體結構的自由體圖，其中

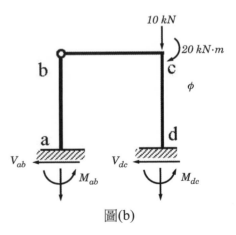

圖(b)

$$V_{ab} = \frac{M_{ab}}{5} \quad ; \quad V_{dc} = \frac{M_{cd} + M_{dc}}{5}$$

由整體水平方向的力平衡可得

$$2\bar{\theta}_c - 5\bar{\phi} = 0 \qquad\qquad ②$$

（三）聯立①式及②式，解出

$$\bar{\theta}_c = -\frac{100}{23}kN \cdot m \quad ; \quad \bar{\phi} = -\frac{40}{23}kN \cdot m$$

再將此些數值代回前述各桿端彎矩，即得

$$M_{ab} = \frac{120}{23}kN \cdot m = 5.22kN \cdot m\,(\circlearrowright)\ ;\ M_{cb} = -\frac{300}{23}kN \cdot m = -13.04kN \cdot m\,(\circlearrowleft)$$

$$M_{cd} = -\frac{160}{23}kN \cdot m = -6.96kN \cdot m\,(\circlearrowleft)\ ;\ M_{dc} = \frac{40}{23}kN \cdot m = 1.74kN \cdot m\,(\circlearrowright)$$

（四）考慮 ab 桿件可得

$$M_{ba} = \frac{EI}{5}\left[4\theta_{bL} - 6\phi\right] = 0$$

由上式得 b 點左側旋轉角為

$$\theta_{bL} = \frac{3}{2}\phi = -\frac{300}{23EI}\,(\circlearrowleft)$$

再考慮 bc 桿件可得

$$M_{bc} = \frac{EI}{5}\left[4\theta_{bR} + 2\theta_c\right] = 0$$

由上式得 b 點右側旋轉角為

$$\theta_{bR} = -\frac{1}{2}\theta_c = \frac{250}{23EI}\,(\circlearrowright)$$

十三、圖顯示一剛架結構，B 點及 C 點為剛接，剛架尺寸配置及各桿件斷面之 EI 值如圖所示。若於 CD 桿件中點施加一集中載重 P，忽略各桿件軸向變形，試用彎矩分配法求解 A 點、B 點、C 點之端彎矩 M_{AB}、M_{BA} 及 M_{CB} 及 C 點垂直位移Δ_C，並請繪製此剛架結構受力後之彈性變形圖。（本題以其他方法求解，一律不予計分。）（30 分）

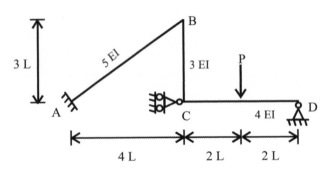

（110 高考-結構學#3）

參考題解

（一）外力造成之固端彎矩

$$H_{CD}^{F} = -\frac{3}{16}P \times 4L = -\frac{3}{4}PL$$

（二）側移造成之固端彎矩

1. $k_{AB} : k_{BC} : k_{CD} = \dfrac{5EI}{5L} : \dfrac{3EI}{3L} : \dfrac{4EI}{4L} = 1 : 1 : 1$

2. $\begin{cases} R_{AB} \times 4 + R_{CD} \times 4 = 0 \\ R_{AB} \times 3 - R_{BC} \times 3 = 0 \end{cases} \Rightarrow R_{AB} : R_{BC} : R_{CD} = 1 : 1 : -1 = R : R : -R$

3. $M_{AB}^{F} = M_{BA}^{F} = -6k_{AB}R_{AB} = -6R$

   $M_{BC}^{F} = M_{CB}^{F} = -6k_{BC}R_{BC} = -6R$

   $H_{CD}^{F} = -3k_{CD}R_{CD} = 3R$

4. $M_{AB}^{F} : M_{BC}^{F} : H_{CD}^{F} = -6R : -6R : 3R = -2 : -2 : 1 = -2z : -2z : z$

（三）分配係數比

1. B 點 $\Rightarrow D_{BA} : D_{BC} = \dfrac{4(5EI)}{5L} : \dfrac{4(3EI)}{3L} = 1 : 1$

2. C 點 $\Rightarrow D_{CB} : D_{CD} = \dfrac{4(3EI)}{3L} : \dfrac{4(4EI)}{4L} \times \dfrac{3}{4} = 4 : 3$

（四）列綜合彎矩分配表

節點	A	B		D	
桿端	AB	BA	BC	CB	CD
D.F		1	1	4	3
F.E.M	$-2z$	$-2z$	$-2z$	$-2z$	$-\dfrac{3}{4}PL$ z
D.M		$2x$	$2x$	$4y$	$3y$
C.O.M	x		$2y$	x	
$\sum$	$x-2z$	$2x-2z$	$2x+2y-2z$	$x+4y-2z$	$3y+z-\dfrac{3}{4}PL$
M	$-0.974PL$	$-0.115PL$	$0.115PL$	$-0.513PL$	$0.513PL$

（五）列平衡方程式

1. $\sum M_B = 0$, $M_{BA} + M_{BC} = 0 \Rightarrow 4x + 2y - 4z = 0$.....①

2. $\sum M_C = 0$, $M_{CB} + M_{CD} = 0 \Rightarrow x + 7y - z = \dfrac{3}{4}PL$........②

3. 整體 $\sum M_A = 0$, $M_{AB} + P \times 6L = V_{DC} \times 8L \Rightarrow M_{AB} + 6PL = \left(\dfrac{M_{CD}}{4L} + \dfrac{P}{2} \right) \times 8L$

   $\Rightarrow M_{AB} - 2M_{CD} = -2PL$ $\therefore x - 6y - 4z = -3.5PL$......③

   聯立上三式可解得：

   $\begin{cases} x = 0.859PL \\ y = 0.1154PL \\ z = 0.9167PL \end{cases}$

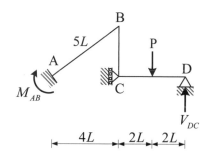

（六）代回綜合彎矩分配表，可得各桿端彎矩（如表格最後一列，正表順時針）

（七）計算 C 點垂直變位

$$z = -3K_{CD}R_{CD} \Rightarrow 0.9167PL = -3\left(\dfrac{4EI}{4L} \right)R_{CD} \quad \therefore R_{CD} = -0.3055\dfrac{PL^2}{EI} \ (\curvearrowleft)$$

$$\therefore \Delta_C = 0.3055\dfrac{PL^2}{EI} \times 4L = 1.222\dfrac{PL^3}{EI} \ (\downarrow)$$

（八）剛架受力後的彈性變形圖

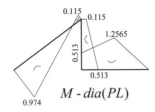

M - dia(*PL*)

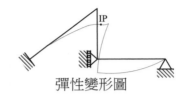

彈性變形圖

十四、如圖所示梁結構，*d* 點為滾支承，*b* 點為鉸接，各桿件都有相同之彈性模數 *E* 值與慣性矩 *I* 值，且 *EI* = 250000 kN-m² ，彈簧係數 *k* = 6000 kN/m，*e* 點有一向下的沉陷位移Δ*e*，當 *b* 點及 *c* 點各承受垂直集中載重 72 kN 時，梁結構的彎矩圖如圖所示。求彈簧內力、*c* 點及 *e* 點的垂直位移。（25 分）

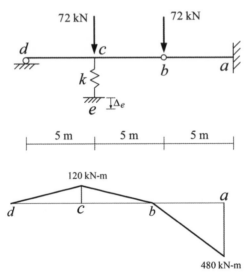

（111 結技–結構學#1）

參考題解

（一）彎矩圖已知⇒桿端彎矩已知

    ⇒桿件自由體平衡，可得 a、d 的支承反力

    1. cd 自由體：$\sum M_c = 0$，$R_d \times 5 = 120$

        $\therefore R_d = 24\ kN\,(\uparrow)$

    2. ab 自由體：$\sum M_b = 0$，$R_a \times 5 = 480$

        $\therefore R_a = 96\ kN\,(\uparrow)$

（二）整體垂直力平衡

    得 e 點反力＝彈簧內力 F_s

    $\sum F_y = 0$，$\cancel{R_d}^{24} + R_e + \cancel{R_a}^{96} = 72 + 72$

    $\therefore R_e = 24\ kN\,(\uparrow)$

    彈簧內力 $F_s = 24\ kN$（受壓）

（三）以基本變位公式計算 Δ_c

    1. ab 自由體：$\Delta_b = \dfrac{1}{3}\dfrac{96 \times 5^3}{EI} = \dfrac{4000}{EI}\,(\downarrow)$

    2. bcd 自由體：$\Delta_c = \dfrac{1}{48}\dfrac{(72-24)\times 10^3}{EI} + \dfrac{1}{2}\times\Delta_b = \dfrac{3000}{\cancel{EI}^{250000}} = 0.012\ m\,(\downarrow)$

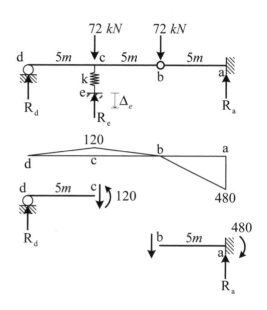

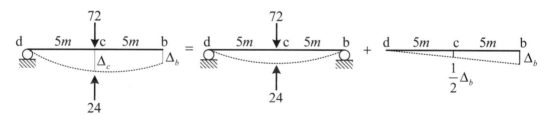

（四）計算 Δ_e：c、e 兩點的位移差值，即為彈簧的變形量

    $\Delta_c - \Delta_e = \dfrac{F_s}{k} \Rightarrow 0.012 - \Delta_e = \dfrac{24}{6000}$ $\therefore \Delta_e = 0.008m\,(\downarrow)$

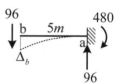

十五、如圖所示構架，各桿件之 EI 及 L（長度）都相同，集中力係垂直作用於桿件中點。

若 L = 10 m，試以傾角變位法求取各桿件之桿端彎矩，假設桿端彎矩採順時針為正。

（以其他方法作答者一律不予以計分）（25 分）

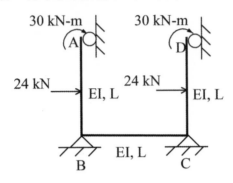

（111 三等-結構學#4）

參考題解

（一）固端彎矩

$$M_{BA}^F = -\frac{3}{16} \times 24 \times 10 + \frac{1}{2} \times 30 = -30 \ kN$$

（二）k 值比 $\Rightarrow k_{AB} : k_{BC} = \frac{EI}{10} : \frac{EI}{10} = 1:1$

（三）R 值比：沒有 R

（四）傾角變位式

$$M_{BA} = 1[1.5\theta_B] - 30$$

$$M_{BC} = 1[2\theta_B + \theta_C] = 3\theta_B（實質反對稱，\theta_C = \theta_B）$$

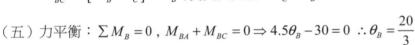

（五）力平衡：$\sum M_B = 0$, $M_{BA} + M_{BC} = 0 \Rightarrow 4.5\theta_B - 30 = 0$ $\therefore \theta_B = \frac{20}{3}$

（六）代回傾角變位式，得桿端彎矩

$$M_{BA} = 1.5\theta_B - 30 = -20 \ kN - m$$

$$M_{BA} = 3\theta_B = 20 \ kN - m$$

（七）結構實質反對稱特性

$$M_{BA} = M_{CD} = -20 \ kN - m$$

$$M_{BC} = M_{CB} = 20 \ kN - m$$

$$M_{AB} = M_{DC} = 0$$

十六、下圖所示剛構架，a 點為固定支承，c 點為滾支承，各桿件之 EI 值皆相同，且材料
的熱膨脹係數 α 為 11×10^{-6}/℃，在環境溫度上升 20℃的情況下，不考慮桿件軸力引
起之軸向變形，求 c 點支承反力（Rc）及 b 點轉角（θ_b）。（25 分）

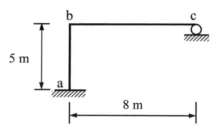

（111 司法-結構分析#2）

參考題解

（一）固端彎矩

$$H_{bc}^F = -\frac{3EI}{L^2}\delta_T = -\frac{3EI}{8^2}(0.0011) = -\frac{0.0033}{64}EI = -M_T$$

$$\left(其中\ M_T = \frac{0.0033}{64}EI\right)$$

（二）k 值比 $\Rightarrow 2k_{ab} : 2k_{bc} = \dfrac{EI}{5} : \dfrac{EI}{8} = 8 : 5$

（三）R 值比 $\Rightarrow$ 令 $R_{ab} = R$

（四）傾角變位式

$$M_{ab} = 8[\theta_b - 3R] = 8\theta_b - 24R$$

$$M_{ba} = 8[2\theta_b - 3R] = 16\theta_b - 24R$$

$$M_{bc} = 5[1.5\theta_b] - M_T = 7.5\theta_b - M_T$$

（五）力平衡

1. $\sum M_b = 0$ ， $M_{ba} + M_{bc} = 0 \Rightarrow 23.5\theta_b - 24R = M_T$ ……①

2. $\sum F_x = 0$ ， $\dfrac{M_{ab} + M_{ba}}{5} = 0 \Rightarrow 3\theta_b - 6R = 0$ ……②

聯立①②，可得 $\begin{cases} \theta_b = \dfrac{2}{23}M_T \\ R = \dfrac{1}{23}M_T \end{cases}$

（六）$M_{bc} = 7.5\theta_b - M_T = 7.5\left(\dfrac{2}{23}M_T\right) - M_T = -\dfrac{8}{23}M_T$

$$R_c = \dfrac{\dfrac{8}{23}M_T}{8} = \dfrac{1}{23}M_T = \dfrac{1}{23}\left(\dfrac{0.0033}{64}EI\right) = \dfrac{0.0033}{1472}EI$$

（七）b 點轉角

$M_{ab} = 8(\theta_b - 3R)\cdots\cdots\cdots$相對式

$M_{ab} = \dfrac{2EI}{5}(\theta_b - 3R)\cdots\cdots$真實式

$$\Rightarrow 8\,\theta_b\!\!\!\!\!\!\!\!^{\frac{2}{23}M_T} = \dfrac{2EI}{5}\theta_b \quad \therefore \theta_b = \dfrac{40}{23}\dfrac{M_T}{EI} = \dfrac{40}{23}\dfrac{\left(\dfrac{0.0033}{64}EI\right)}{EI} = \dfrac{0.0165}{184}(\curvearrowright)$$

十七、下圖所示一封閉剛構架，a 點為固定支承，c 點與 d 點為鉸支承，在桿件 ab 中點有一集中載重 16kN 及桿件 bd 上有一均布載重 2 kN/m，各桿件之 EI 值皆相同。利用傾角變位法（slope-deflection method）求各桿件端點之彎矩。（若使用其他方法，本題以零分計。）（25 分）

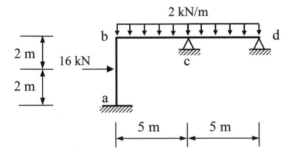

（111 司法-結構分析#4）

參考題解 ///

（一）固端彎矩

$M_{ab}^F = -\dfrac{1}{8}\times 16\times 4 = -8\ kN-m$ 　　　　　$M_{ba}^F = 8\ kN-m$

$M_{bc}^F = -\dfrac{1}{12}\times 2\times 5^2 = -4.17\ kN-m$ 　　　$M_{cb}^F = 4.17\ kN-m$

$H_{cd}^F = -\dfrac{1}{8}\times 2\times 5^2 = -6.25\ kN-m$

（二）K 值比 $\Rightarrow 2k_{ab} : 2k_{bc} : 2k_{cd} = \dfrac{EI}{4} : \dfrac{EI}{5} : \dfrac{EI}{5} = 5 : 4 : 4$

（三）R 值比：沒有 R

（四）傾角變位式

$$M_{ab} = 5[\theta_b] - 8 = 5\theta_b - 8$$

$$M_{ba} = 5[2\theta_b] + 8 = 10\theta_b + 8$$

$$M_{bc} = 4[2\theta_b + \theta_c] - 4.17 = 8\theta_b + 4\theta_c - 4.17$$

$$M_{cb} = 4[\theta_b + 2\theta_c] + 4.17 = 4\theta_b + 8\theta_c + 4.17$$

$$M_{cd} = 4[1.5\theta_c] - 6.25 = 6\theta_c - 6.25$$

（五）力平衡條件

1. $\sum M_b = 0$, $M_{ba} + M_{bc} = 0 \Rightarrow 18\theta_b + 4\theta_C = -3.83$

2. $\sum M_c = 0$, $M_{cb} + M_{cd} = 0 \Rightarrow 4\theta_b + 14\theta_c = 2.08$

聯立可得：$\begin{cases} \theta_b = -0.2624 \\ \theta_c = 0.2236 \end{cases}$

（六）帶回傾角變位式，得各桿端彎矩

$$M_{ab} = 5\theta_b - 8 = -9.31\ kN - m$$

$$M_{ba} = 10\theta_b + 8 = 5.37\ kN - m$$

$$M_{bc} = 8\theta_b + 4\theta_c - 4.17 = -5.37\ kN - m$$

$$M_{cb} = 4\theta_b + 8\theta_c + 4.17 = 4.91\ kN - m$$

$$M_{cd} = 6\theta_c - 6.25 = -4.91\ kN - m$$

十八、如下圖所示，假設 EI 為常數，求出作用在斜柱剛架所有桿件的桿端彎矩。（限定使用傾角變位法，使用其他方法，不計分數）。（30 分）

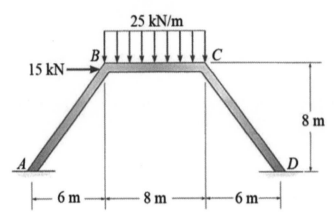

（112 土技－結構分析#4）

參考題解

（一）固端彎矩

$$M_{BC}^F = -\frac{1}{12} \times 25 \times 8^2 = -133.33 \ kN-m$$

$$M_{CB}^F = \frac{1}{12} \times 25 \times 8^2 = 133.33 \ kN-m$$

（二）K 值比 $\Rightarrow k_{AB} : k_{BC} : k_{CD} = \dfrac{EI}{10} : \dfrac{EI}{8} : \dfrac{EI}{10} = 4 : 5 : 4$

（三）R 值比：$\begin{cases} R_{AB} \times 6 + R_{BC} \times 8 + R_{CD} \times 6 = 0 \\ R_{AB} \times 8 - R_{CD} \times 8 = 0 \end{cases}$ $\Rightarrow$ 令 $R_{AB} = R_{CD} = 2R$ $\therefore R_{BC} = -3R$

（四）傾角變位式

$$M_{AB} = 4\left[\theta_B - 3(2R)\right] = 4\theta_B - 24R$$

$$M_{BA} = 4\left[2\theta_B - 3(2R)\right] = 8\theta_B - 24R$$

$$M_{BC} = 5\left[2\theta_B + \theta_C - 3(-3R)\right] - 133.33 = 10\theta_B + 5\theta_C + 45R - 133.33$$

$$M_{CB} = 5\left[\theta_B + 2\theta_C - 3(-3R)\right] + 133.33 = 5\theta_B + 10\theta_C + 45R + 133.33$$

$$M_{CD} = 4\left[2\theta_C - 3(2R)\right] = 8\theta_C - 24R$$

$$M_{DC} = 4\left[\theta_C - 3(2R)\right] = 4\theta_C - 24R$$

（五）力平衡條件

1. $\sum M_B = 0$, $M_{BA} + M_{BC} = 0 \Rightarrow 18\theta_B + 5\theta_C + 21R = 133.33$............①

2. $\sum M_C = 0$, $M_{CB} + M_{CD} = 0 \Rightarrow 5\theta_B + 18\theta_C + 21R = -133.33$..........②

3. $\sum M_O = 0$, $15 \times \dfrac{16}{3} + V_{AB} \times \left(10 + \dfrac{20}{3}\right) + V_{DC} \times \left(10 + \dfrac{20}{3}\right) = M_{AB} + M_{DC}$

$\Rightarrow 80 + \dfrac{M_{AB} + M_{BA}}{10} \times \dfrac{50}{3} + \dfrac{M_{CD} + M_{DC}}{10} \times \dfrac{50}{3} = M_{AB} + M_{DC}$

$\Rightarrow 2M_{AB} + 5M_{BA} + 5M_{CD} + 2M_{DC} = -240$

$\Rightarrow \theta_B + \theta_C - 7R = -5$..............③

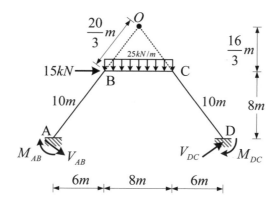

聯立①②③式，可得 $\begin{cases} \theta_B = 9.739 \\ \theta_C = -10.773 \\ R = 0.567 \end{cases}$

（六）代回傾角變位式，得桿端彎矩

$M_{AB} = 4\theta_B - 24R = 25.3 \ kN-m\,(\curvearrowright)$

$M_{BA} = 8\theta_B - 24R = 64.3 \ kN-m\,(\curvearrowright)$

$M_{BC} = 10\theta_B + 5\theta_C + 45R - 133.33 = -64.3 \ kN-m\,(\curvearrowleft)$

$M_{CB} = 5\theta_B + 10\theta_C + 45R + 133.33 = 99.8 \ kN-m\,(\curvearrowright)$

$M_{CD} = 8\theta_C - 24R = -99.8 \ kN-m\,(\curvearrowleft)$

$M_{DC} = 4\theta_C - 24R = -56.7 \ kN-m\,(\curvearrowleft)$

十九、下圖為一平面構架，點 D 為固定支承，點 A 為鉸支承，點 C 為滾支承，此構架點 A 至 B 間梁桿件承受一水平向均佈載重 20 kN/m，且點 B 至 C 間梁桿件中央承受一垂直集中載重 50 kN。設所有桿件 EI 為定值，且忽略桿件軸向變形，試用傾角變位法，求各桿件端點彎矩及各支承之反力。（25 分）

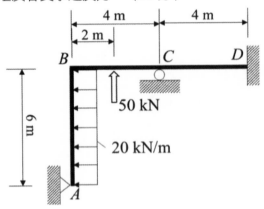

（112 結技−結構學#3）

參考題解

（一）固端彎矩

$$H_{BA}^{F} = -\frac{1}{8} \times 20 \times 6^2 = -90 \ kN-m$$

$$M_{BC}^{F} = \frac{1}{8} \times 50 \times 4 = 25 \ kN-m$$

$$M_{CB}^{F} = -\frac{1}{8} \times 50 \times 4 = -25 \ kN-m$$

（二）K 值比 $\Rightarrow k_{AB} : k_{BC} : k_{CD} = \dfrac{EI}{6} : \dfrac{EI}{4} : \dfrac{EI}{4} = 2 : 3 : 3$

（三）R 值比：沒有 R

（四）傾角變位式

$$M_{BA} = 2[1.5\theta_B] - 90 = 3\theta_B - 90$$

$$M_{BC} = 3[2\theta_B + \theta_C] + 25 = 6\theta_B + 3\theta_C + 25$$

$$M_{CB} = 3[\theta_B + 2\theta_C] - 25 = 3\theta_B + 6\theta_C - 25$$

$$M_{CD} = 3[2\theta_C] = 6\theta_C$$

$$M_{DC} = 3[\theta_C] = 3\theta_C$$

（五）力平衡條件

1. $\sum M_B = 0$, $M_{BA} + M_{BC} = 0 \Rightarrow 9\theta_B + 3\theta_C = 65$

2. $\sum M_C = 0$, $M_{CB} + M_{CD} = 0 \Rightarrow 3\theta_B + 12\theta_C = 25$

聯立上二式，可得 $\begin{cases} \theta_B = 7.121 \\ \theta_C = 0.303 \end{cases}$

（六）代回傾角變位式得各桿端彎矩

$M_{BA} = 3\theta_B - 90 = -68.64 \ kN-m \ (\curvearrowleft)$

$M_{BC} = 6\theta_B + 3\theta_C + 25 = 68.64 \ kN-m \ (\curvearrowright)$

$M_{CB} = 3\theta_B + 6\theta_C - 25 = -1.82 \ kN-m \ (\curvearrowleft)$

$M_{CD} = 6\theta_C = 1.82 \ kN-m \ (\curvearrowright)$

$M_{DC} = 3\theta_C = 0.91 \ kN-m \ (\curvearrowright)$

（七）支承反力計算

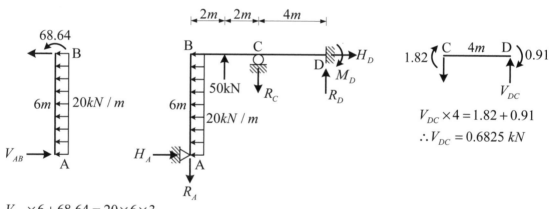

$V_{AB} \times 6 + 68.64 = 20 \times 6 \times 3$

$\therefore V_{AB} = 48.56 \ kN$

$V_{DC} \times 4 = 1.82 + 0.91$

$\therefore V_{DC} = 0.6825 \ kN$

$V_{BC} \times 4 + 1.82 = 50 \times 2 + 68.64$

$\therefore V_{BC} = 41.705 \ kN$

1. A 點反力： $\begin{cases} H_A = V_{AB} = 48.56 \ kN \ (\rightarrow) \\ R_A = V_{BC} = 41.705 \ kN \ (\downarrow) \end{cases}$

2. D 點反力：

（1）$\begin{cases} R_D = V_{DC} = 0.6825\ kN\ (\uparrow) \\ M_D = M_{DC} = 0.91\ kN-m\,(\curvearrowright) \end{cases}$

（2）整體水平力平衡：$\cancel{H_A}^{48.56} + H_D = 20 \times 6 \ \therefore H_D = 71.44\ kN\,(\rightarrow)$

3. C 點反力：

整體垂直力平衡：$\cancel{R_A}^{41.705} + R_C = 50 + \cancel{R_D}^{0.6825} \ \therefore R_C = 8.9775\ kN\,(\downarrow)$

（八）所有支承反力如下圖所示

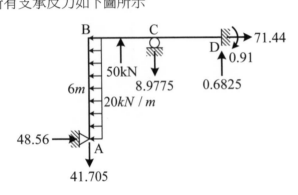

二十、靜不定梁結構如圖所示，圖中桿件 AB、BC、CD 長度皆為 4 m；斷面撓曲剛性（flexural rigidity）皆為 $5\ \mathrm{MN\ m^2}$。試求由於節點 A 處基礎下陷 0.01 m 所引起的所有節點位移量以及所有桿件端點彎矩。本題限用傾角變位法，未使用指定方法計算者不予計分。僅考慮撓曲變形而忽略軸向變形。（25 分）

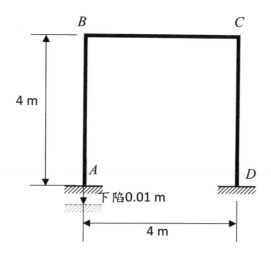

（112 三等-結構學#4）

參考題解

（一）固端彎矩

$$M_{BC}^F = M_{CB}^F = \frac{6EI}{4^2} \times 0.01 = 18.75\ kN-m$$

（二）k 值比 $\Rightarrow k_{AB} : k_{BC} : k_{CD} = \dfrac{EI}{4} : \dfrac{EI}{4} : \dfrac{EI}{4} = 1:1:1$

（三）R 值比 $\Rightarrow R_{AB} = R_{CD} = R$

（四）傾角變位式

$$M_{AB} = 1[\theta_B - 3R] = \theta_B - 3R$$

$$M_{BA} = 1[2\theta_B - 3R] = 2\theta_B - 3R$$

$$M_{BC} = 1[2\theta_B + \theta_C] + 18.75 = 2\theta_B + \theta_C + 18.75$$

$$M_{CB} = 1[\theta_B + 2\theta_C] + 18.75 = \theta_B + 2\theta_C + 18.75$$

$$M_{CD} = 1[2\theta_C - 3R] = 2\theta_C - 3R$$

$$M_{DC} = 1[\theta_C - 3R] = \theta_C - 3R$$

（五）力平衡條件

1. $\sum M_B = 0$, $M_{BA} + M_{BC} = 0 \Rightarrow 4\theta_B + \theta_C - 3R = -18.75$

2. $\sum M_C = 0$, $M_{CB} + M_{CD} = 0 \Rightarrow \theta_B + 4\theta_C - 3R = -18.75$

3. $\sum F_x = 0$, $\dfrac{M_{AB} + M_{BA}}{4} + \dfrac{M_{CD} + M_{DC}}{4} = 0 \Rightarrow 3\theta_B + 3\theta_C - 12R = 0$

聯立可得 $\begin{cases} \theta_B = -5.357 \\ \theta_C = -5.357 \\ R = -2.679 \end{cases}$

（六）計算 B、C 點位移

1. B 點

（1）水平位移 Δ_{BH}

真實式：$M_{BA} = \dfrac{2EI}{4}\left[2\theta_B - 3R_{AB}\right]$ $\Rightarrow$ $\dfrac{2EI}{4}R_{AB} = 1 \times \cancel{R}^{-2.679}$ $\therefore R_{AB} = -\dfrac{5.358}{EI}$

相對式：$M_{BA} = 1\left[2\theta_B - 3R\right]$

$\dfrac{\Delta_{BH}}{4} = \dfrac{5.358}{EI}$ $\therefore \Delta_{BH} = \dfrac{21.432}{EI} = \dfrac{21.432}{5000} \approx 0.00429\ m\ (\leftarrow)$

（2）B 點垂直位移 Δ_{BV} = A 點的下陷量

$\Rightarrow \Delta_{BV} = 0.01\ m(\downarrow)$

2. C 點

（1）C 點水平位移 = B 點水平位移 $\Rightarrow \Delta_{CH} = \Delta_{BH} = 0.00429\ m\ (\leftarrow)$

（2）C 點無垂直位移

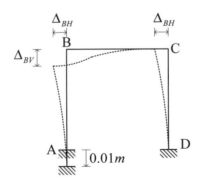

二一、下圖為一剛架結構，A 點及 D 點為固定端，B 點為鉸接；剛架尺寸配置及各桿件斷面之 EI 值如圖所示。若於 E 點施加垂直載重 P，忽略各桿件軸向變形，試用彎矩分配法求解 A 點及 D 點的端彎矩 M_{AB}、M_{DC} 之大小及方向，及 B 點垂直位移Δ_B 之大小及方向。（本題以其他方法求解，一律不予計分。）（25 分）

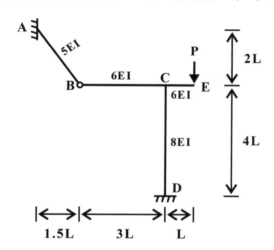

（112 司法-結構分析#3）

參考題解

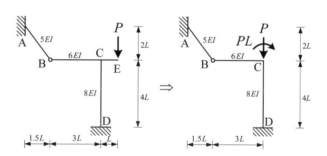

（一）外力造成之固端彎矩：無

（二）側移造成之固端彎矩：

1. $k_{AB} : k_{BC} : k_{CD} = \dfrac{5EI}{2.5L} : \dfrac{6EI}{3L} : \dfrac{8EI}{4L} = 1:1:1$

2. 投影解法

$$\begin{cases} R_{AB} \times 1.5L + R_{BC} \times 3L = 0 \Rightarrow R_{AB} = -2R_{BC} \\ R_{AB} \times 2L + R_{CD} \times 4L = 0 \Rightarrow R_{AB} = -2R_{CD} \end{cases} \Rightarrow 令 R_{BC} = R_{CD} = R \ , R_{AB} = -2R$$

3. $H_{AB}^{F} = -3k_{AB}R_{AB}$; $H_{CB}^{F} = -3k_{BC}R_{BC}$; $M_{CD}^{F} = M_{DC}^{F} = -6k_{CD}R_{CD}$

$$H_{AB}^F : H_{CB}^F : M_{CD}^F = -3k_{AB}R_{AB} : -3k_{BC}R_{BC} : -6k_{CD}R_{CD}$$

$$= -3(1)(-2R) : -3(1)(R) : -6(1)(R)$$

$$= 2 : -1 : -2$$

令 $H_{AB}^F = 2z$ ， $H_{CB}^F = -z$ ， $M_{CD}^F = M_{DC}^F = -2z$

（三）分配係數比 $\Rightarrow D_{CB} : D_{CD} = \dfrac{4(6EI)}{3L} \times \dfrac{3}{4} : \dfrac{4(8EI)}{4L} = 3 : 4$

（四）列綜合彎矩分配表

節點	A	C		D
桿端	AB	CB	CD	DC
D.F		3	4	
F.E.M	$2z$	$-z$	$-2z$	$-2z$
D.M		$3x$	$4x$	
C.O.M				$2x$
$\sum$	$2z$	$3x-z$	$4x-2z$	$2x-2z$

（五）列平衡方程式

1. $\sum M_C = 0$ ， $M_{CB} + M_{CD} = PL \Rightarrow 7x - 3z = PL$.........①

2. $\sum M_D = 0$ ， $V_{AB} \times 7.5L = PL + M_{AB} + M_{DC}$

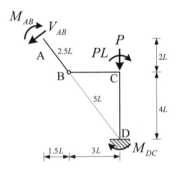

$$\Rightarrow \frac{M_{AB}}{2.5L} \times 7.5L = PL + M_{AB} + M_{DC}$$

$$2M_{AB} - M_{DC} = PL \Rightarrow -2x + 6z = PL......②$$

聯立①② 得到 $\begin{cases} x = \dfrac{1}{4}PL \\ \\ z = \dfrac{1}{4}PL \end{cases}$

（六） $M_{AB} = 2z = \dfrac{PL}{2}(\curvearrowright)$

$M_{DC} = 2x - 2z = 0$

（七）B 點垂直位移

$$H_{CB}^F = -z \Rightarrow -3k_{BC}R_{BC} = -\frac{PL}{4} \Rightarrow -3\left(\frac{6EI}{3L}\right)\left(\frac{\Delta_{BC}}{3L}\right) = -\frac{PL}{4} \quad \therefore \Delta_{BC} = \frac{1}{8}\frac{PL^3}{EI}$$

$$\therefore \Delta_B = \frac{1}{8}\frac{PL^3}{EI} \ (\uparrow)$$

二二、下圖為一剛架結構，A 點及 E 點為固定端，C 點為鉸支承，所有桿件具有相同的 EI 值，剛架尺寸配置如圖所示。若於 D 點施加水平載重 P，忽略各桿件軸向變形，試用傾角變位法求解 A 點及 E 點的端彎矩 M_AB、M_ED 之大小及方向，及 D 點水平位移Δ_D 之大小及方向。（本題以其他方法求解，一律不予計分。）（25 分）

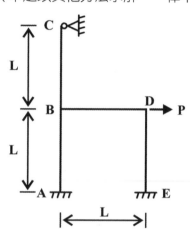

（112 司法－結構分析#4）

參考題解

（一）固端彎矩：無

（二）K 值比 $\Rightarrow k_{AB} : k_{BC} : k_{BD} : k_{DE} = \dfrac{EI}{L} : \dfrac{EI}{L} : \dfrac{EI}{L} : \dfrac{EI}{L} = 1:1:1:1$

（三）R 值比：令 $R_{AB} = R_{DE} = R$ ；$R_{BC} = -R$

（四）傾角變位式

$M_{AB} = 1[\theta_B - 3R] = \theta_B - 3R$

$M_{BA} = 1[2\theta_B - 3R] = 2\theta_B - 3R$

$M_{BC} = 1[1.5\theta_B - 1.5(-R)] = 1.5\theta_B + 1.5R$

$M_{BD} = 1[2\theta_B + \theta_D] = 2\theta_B + \theta_D$

$M_{DB} = 1[\theta_B + 2\theta_D] = \theta_B + 2\theta_D$

$M_{DE} = 1[2\theta_D - 3R] = 2\theta_D - 3R$

$M_{ED} = 1[\theta_D - 3R] = \theta_D - 3R$

（五）力平衡方程式

1. $\sum M_B = 0$, $\mathrm{M}_{BA} + M_{BC} + M_{BD} = 0 \Rightarrow 5.5\theta_B + \theta_D - 1.5R = 0$ ....①

2. $\sum M_D = 0$, $\mathrm{M}_{DB} + M_{DE} = 0 \Rightarrow \theta_B + 4\theta_D - 3R = 0$ ....②

3. $\sum F_x = 0$, $V_{AB} + V_{DE} + P = V_{CB} \Rightarrow \dfrac{M_{AB} + M_{BA}}{L} + \dfrac{M_{DE} + M_{ED}}{L} + P = \dfrac{M_{BC}}{L}$

   $\Rightarrow (M_{AB} + M_{BA}) + (M_{DE} + M_{ED}) - M_{BC} = -PL$

   $\Rightarrow 1.5\theta_B + 3\theta_D - 13.5R = -PL$ ....③

4. 聯立①②③可得 $\begin{cases} \theta_B = 0.01282PL \\ \theta_D = 0.0641PL \\ R = 0.08974PL \end{cases}$

（六）代回傾角變位式

   $M_{AB} = \theta_B - 3R = -0.2564PL$ （↶）

   $M_{ED} = \theta_D - 3R = -0.205PL$ （↶）

（七）計算 D 點的水平位移

   相對式：$M_{DE} = 1[2\theta_D - 3R]$
   真實式：$M_{DE} = \dfrac{2EI}{L}[2\theta_D - 3R_{DE}]$ $\Bigg\} \Rightarrow 1 \times \cancel{R}^{0.08974PL} = \dfrac{2EI}{L} \times R_{DE}$ $\therefore R_{DE} = 0.04487\dfrac{PL^2}{EI}$

   $\Delta_{DE} = R_{DE} \times L = 0.04487\dfrac{PL^3}{EI} \Rightarrow \Delta_D = 0.04487\dfrac{PL^3}{EI}(\rightarrow)$

Chapter 6 對稱與反對稱結構 重點內容摘要

（一）軸對稱結構與點對稱結構

　　1. 軸對稱結構

　　　　以某一軸線為中心線，對折後圖形會重合；該軸線即為對稱軸。

　　2. 點對稱結構

　　　　以某點為旋轉中心，旋轉 180 度後，結構圖形會重合；該點即為對稱點。

（二）實質對稱與實質反對稱

　　1. 實質對稱

　　　（1）軸結構：

　　　　　結構以對稱軸為中心線折合後，結構圖形會重合，且力量位置亦會重合。

　　　（2）點對稱結構：

　　　　　結構以對稱點為中心旋轉 180 度後，結構圖形會重合，但力量方向會相反。

　　2. 實質反對稱

　　　（1）軸結構：

　　　　　結構以對稱軸為中心線折合後，結構圖形會重合，但力量方向會相反。

　　　（2）點對稱結構：

　　　　　結構以對稱點為中心，旋轉 180 度後，結構圖形會重合，且力量位置亦會重合。

（三）實質對稱特性

　　1. 力學特性

　　　（1）對稱於對稱軸之桿端彎矩，其彎矩「大小相等，方向相反」。

　　　（2）對稱軸通的點，剪力為零（若該結點承受一集中荷重，該結點剪力大小則為該集中荷重的一半）。

　　2. 幾何特性

　　　（1）對稱於對稱軸之結點，其結點轉角「大小相等，方向相反」。

　　　（2）對稱軸通的點，其轉角為零（除非該點是內連接）。

（四）實質反對稱特性

　　1. 力學特性

　　　（1）對稱於對稱軸之桿端彎矩，其彎矩「大小相等，方向相同」。

　　　（2）對稱軸通的結點，彎矩為零（若該結點承受一外加力矩，該結點彎矩大小則為該外加力矩的一半）。

　　2. 幾何特性

　　　（1）對稱於對稱軸之結點，其結點轉角「大小相等，方向相同」。

　　　（2）對稱軸通過點，在對稱軸方向上之變位為零。

（五）實質對稱與實質反對稱結構之遠端修正

　　1. 端點修正

　　　（1）實質對稱：對稱軸（點）通過結構處，$\theta = 0$

　　　　①若該點無側位移⇒可修正為固定端

　　　　②若該點有側位移⇒可修正為定向支承

　　　（2）實質反對稱：對稱軸（點）通過結構處，$M = 0$

　　　　①若該點無側位移⇒可修正為鉸支承

　　　　②若該點有側位移⇒可修正為滾支承

　　2. 勁度修正（彎矩分配法）

　　　（1）遠端對稱⇒勁度修正係數為 $\dfrac{1}{2}$

　　　（2）遠端反對稱⇒勁度修正係數為 $\dfrac{3}{2}$

一、如圖所示平面剛架結構，A、D、E、H 點為鉸支承，B、C、F、G 點為剛性接頭。試繪出此剛架結構之對稱面（symmetric plane）及反對稱面（anti-symmetric plane）各為何？此外以傾角變位法計算各桿件端點彎矩 M_{BA}、M_{BC}、M_{BF}、M_{FB}、M_{FE} 和 M_{FG} 各為何？（依傾角變位法慣用符號規定，桿端彎矩以順鐘向為正）（25 分）

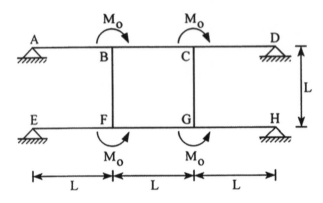

（107 高考-結構學#4）

參考題解

（一）對稱面及反對稱面如下圖所示。考量對稱及反對稱性可知各節點均無位移，且

$$\theta_C = \theta_B \ ; \ \theta_F = -\theta_B$$

（圖）

引用傾角變位法公式，可得桿端彎矩為

$$M_{BA} = \frac{EI}{L}[3\theta_B] = 3\bar{\theta}$$

$$M_{BC} = \frac{EI}{L}\left[4\theta_B + 2\theta_B\right] = 6\bar{\theta}$$

$$M_{BF} = \frac{EI}{L}\left[4\theta_B + 2(-\theta_B)\right] = 2\bar{\theta}$$

上列式中之 $\bar{\theta} = \frac{EI}{L}\theta_B$。

（二）考慮 B 點的隅矩平衡，可得

$$\Sigma M_B = M_{BA} + M_{BC} + M_{BF} - M_0 = 0$$

由上式解得 $\bar{\theta} = \frac{M_0}{11}$，故桿端彎矩為

$$M_{BA} = \frac{3M_0}{11}\,(\circlearrowright)\;;\; M_{BC} = \frac{6M_0}{11}\,(\circlearrowright)\;;\; M_{BF} = \frac{2M_0}{11}\,(\circlearrowright)$$

（三）再依對稱性可得

$$M_{FE} = -\frac{3M_0}{11}\,(\circlearrowleft)\;;\; M_{FG} = -\frac{6M_0}{11}\,(\circlearrowleft)\;;\; M_{FB} = -\frac{2M_0}{11}\,(\circlearrowleft)$$

二、如圖所示之平面剛架結構，a、c、d、f 點為固定端，b 點及 e 點為剛性接頭，各桿件有相同之彈性模數 E 與慣性矩 I，且 $EI = 4000\,kN - m^2$。不考慮各桿件的軸向變形，求 b 點轉角、ab 桿件的端點彎矩及 a 點反力。（25 分）

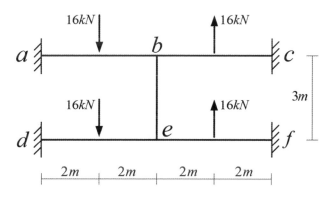

（109 高考-結構學#4）

參考題解

此結構「左右為實質反對稱」、「上下為實質反對稱」

（一）固端彎矩

$$M_{ab}^F = -\frac{1}{8}(16)(4) = -8\ kN-m$$

$$M_{ba}^F = \frac{1}{8}(16)(4) = 8\ kN-m$$

（二）k 值比： $k_{ab} : k_{be} = \dfrac{EI}{4} : \dfrac{EI}{3} = 3 : 4$

（三）R 值比：根據實質反對稱受力特性可得知，各桿件均沒有 R

（四）列傾角變位式

$$M_{ab} = 3[\theta_b] - 8 = 3\theta_b - 8$$

$$M_{ba} = 3[2\theta_b] + 8 = 6\theta_b + 8$$

$$M_{be} = 4[2\theta_b + \theta_e] = 12\theta_b \quad（實質反對稱 \therefore \theta_e = \theta_b）$$

（五）力平衡： $\sum M_b = 0$ ， $M_{ba} + M_{bc} + M_{be} = 0$

$$\Rightarrow 2M_{ba} + M_{be} = 0 \quad（實質反對稱 \therefore M_{bc} = M_{ba}）$$

$$\Rightarrow 2(6\theta_b + 8) + 12\theta_b = 0 \quad \therefore \theta_b = -\frac{2}{3}$$

（六）代回傾角變位式，可得

$$M_{ab} = 3\theta_b - 8 = -10\ kN-m\,(\frown)\ \text{☜ ab桿件端點彎矩}$$

$$M_{ba} = 6\theta_b + 8 = 4\ kN-m\,(\frown)\ \text{☜ ab桿件端點彎矩}$$

$$M_{be} = 12\theta_b = -8\ kN-m\,(\frown)$$

（七）b 點轉角

$$\left.\begin{array}{l} \text{真實式：} M_{ab} = \dfrac{2EI}{4}[\theta_b] - 8 \\ \text{相對式：} M_{ab} = 3[\theta_b] - 8 \end{array}\right\} \Rightarrow \dfrac{2EI}{4}[\theta_b] = 3\left[-\dfrac{2}{3}\right]$$

$$\therefore \theta_b = -\frac{4}{EI} = -\frac{4}{4000} = -0.001 rad\,(\frown)$$

（八）a 點反力

1. $M_a = M_{ab} \Rightarrow M_a = 10\ kN-m\ (\curvearrowleft)$

2. $V_a = V_{ab} \Rightarrow V_{ab} = 9.5\ kN\ (\uparrow)$

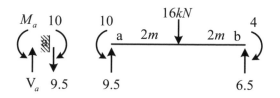

3. $N_a = \dfrac{1}{2}V_{be} \Rightarrow N_a = \dfrac{8}{3}\ kN\ (\rightarrow)$

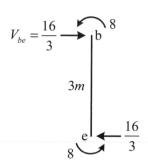

三、如圖所示之平面剛架結構，a、d、e、h 點為固定端，b、c、f、g 點為剛性接頭，各桿件有相同之彈性模數 E 與慣性矩 I，且 $EI = 20000\ kN\text{-}m^2$。不考慮各桿件的軸向變形，求 b 點垂直位移、轉角及 ab 桿件的端點彎矩。（25 分）

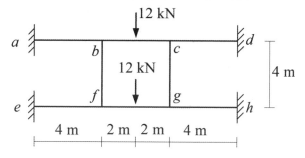

（109 結技-結構學#2）

參考題解

（一）考慮對稱及反對稱性，可知

$$\theta_b = \theta_f = -\theta_c = -\theta_g$$

節點連線如圖(a)中虛線所示。ab 桿件與 bc 桿件的固端彎矩分別為

$$F_{ab} = F_{ba} = -\frac{6EI}{L}\phi = -\bar{\phi}\quad (\text{其中 } L = 4m)$$

$$F_{bc} = -F_{cb} = 6\ kN \cdot m$$

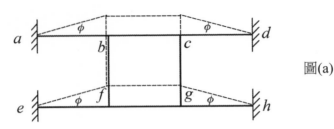

圖(a)

（二）節點 b 處之桿端旋轉勁度的比值如下

$$S_{ba} : S_{bf} : S_{bc} = \frac{4EI}{L} : \frac{6EI}{L} : \frac{2EI}{L} = 2:3:1$$

列表作彎矩分配計算，如表(a)所示。

	ab	ba	bf	bc
d.f.		2/6	3/6	1/6
FEM	$-\overline{\phi}$	$-\overline{\phi}$	0	6
DM		2x	3x	x
COM	x			
ΣM	$x-\overline{\phi}$	$2x-\overline{\phi}$	3x	x + 6

（三）考慮 b 點處的隅矩平衡方程式，可得

$$6x - \overline{\phi} = -6 \qquad \qquad ①$$

又剪力 V_{ab} 為

$$V_{ab} = \frac{M_{ab} + M_{ba}}{L} = \frac{3x - 2\overline{\phi}}{L}$$

由整體剛架在垂直向的力平衡（$4V_{ab} = 24\,kN$），可得

$$3x - 2\overline{\phi} = 24 \qquad \qquad ②$$

聯立①式及②式，解得

$$x = -4\,kN \cdot m \quad ; \quad \overline{\phi} = -18\,kN \cdot m$$

（四）圖(a)中之 φ 角為

$$\phi = \frac{L}{6EI}\overline{\phi} = -6 \times 10^{-4}\,rad \ (\circlearrowright)$$

故 b 點垂直位移 Δ_b 為

$$\Delta_b = (4)(6 \times 10^{-4}) = 2.4 \times 10^{-3}\,m \ (\downarrow)$$

又由表(a)得 ab 桿件的端點彎矩為

$$M_{ab} = 14\ kN \cdot m\ (\circlearrowleft) \quad ; \quad M_{ba} = 10\ kN \cdot m\ (\circlearrowleft)$$

（五）由傾角變位法公式，bf 桿件的端點彎矩為

$$M_{bf} = -12 = \frac{EI}{L}[6\theta_b]$$

由上式可解得 b 點轉角為

$$\theta_b = -4 \times 10^{-4}\ rad\ (\circlearrowright)$$

四、一對稱剛架系統 ABCDE 具四根桿件以直角相接，各桿長度皆為 L，彎曲剛度皆為 EI。
現於 C 節點承受一集中載重 P 如下圖所示。試求各端點彎矩及 C 節點垂直變位。（25 分）

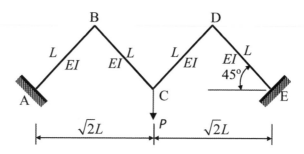

（110 土技-結構分析#4）

參考題解

（一）固端彎矩：無

（二）K 值比：$k_{AB} : k_{BC} = \dfrac{EI}{L} : \dfrac{EI}{L} = 1:1$

（三）R 值比：$R_{AB} \times \dfrac{\sqrt{2}}{2}L - R_{BC} \times \dfrac{\sqrt{2}}{2}L = 0 \quad \therefore R_{AB} = R_{BC}$

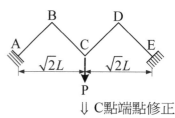

⇓ C點端點修正

（四）傾角變位式

$$M_{AB} = 1[\theta_B - 3R] = \theta_B - 3R$$

$$M_{BA} = 1[2\theta_B - 3R] = 2\theta_B - 3R$$

$$M_{BC} = 1[2\theta_B - 3R] = 2\theta_B - 3R$$

$$M_{CB} = 1[\theta_B - 3R] = \theta_B - 3R$$

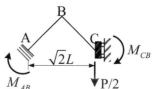

（五）力平衡條件

1. $\sum M_B = 0$, $M_{BA} + M_{BC} = 0 \Rightarrow 4\theta_B - 6R = 0$..........①

2. $\sum M_A = 0$, $M_{AB} + M_{CB} + \dfrac{P}{2} \times \sqrt{2}L = 0 \Rightarrow 2\theta_B - 6R = -\dfrac{\sqrt{2}}{2}PL$........②

聯立①②可得：$\begin{cases} \theta_B = \dfrac{\sqrt{2}}{4}PL \\ R = \dfrac{\sqrt{2}}{6}PL \end{cases}$

（六）代回傾角變位式，可得

$$M_{AB} = \theta_B - 3R = -\dfrac{\sqrt{2}}{4}PL \qquad\qquad M_{ED} = M_{AB} = -\dfrac{\sqrt{2}}{4}PL$$

$$M_{BA} = 2\theta_B - 3R = 0 \qquad\qquad M_{DE} = M_{BA} = 0$$

$$\xrightarrow{\text{根據對稱性}}$$

$$M_{BC} = 2\theta_B - 3R = 0 \qquad\qquad M_{DC} = M_{BC} = 0$$

$$M_{CB} = \theta_B - 3R = -\dfrac{\sqrt{2}}{4}PL \qquad\qquad M_{CD} = M_{CB} = -\dfrac{\sqrt{2}}{4}PL$$

（七）C 點垂直位移

真實式：$M_{BC} = \dfrac{2EI}{L}[2\theta_B - 3R_{BC}] \quad \Rightarrow \quad \dfrac{2EI}{L}R_{BC} = 1 \cdot \cancel{R}^{\frac{\sqrt{2}}{6}PL} \quad \therefore R_{BC} = \dfrac{\sqrt{2}}{12}\dfrac{PL^2}{EI}$

相對式：$M_{BC} = 1[2\theta_B - 3R]$

$\therefore \Delta_{BC} = R_{BC} \times L = \dfrac{\sqrt{2}}{12}\dfrac{PL^3}{EI}$

$\Delta_{CV} \times \sin 45° = \Delta_{BC} \quad \therefore \Delta_{CV} = \sqrt{2}\Delta_{BC} = \dfrac{1}{6}\dfrac{PL^3}{EI} \ (\downarrow)$

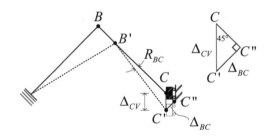

五、如圖示剛架結構，不考慮桿件的軸向變形，a、d、f點為滾支承，c點為鉸支承，桿件有相同彈性模數 E 與慣性矩 I，且 $EI = 20000$ kN-m²。求 $abef$ 梁桿件的彎矩圖、b點轉角及水平位移。（25 分）

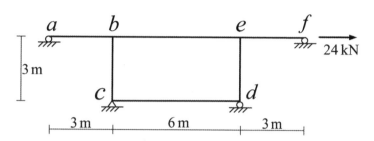

（110 結技-結構學#2）

參考題解

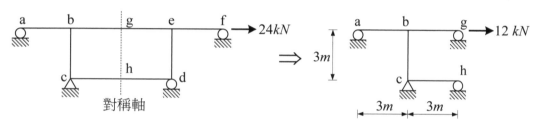

（一）固端彎矩

（二）K 值比 $\Rightarrow k_{ab} : k_{bg} : k_{bc} : k_{ch} = 1:1:1:1$

（三）R 值比：令 $R_{bc} = R$

（四）傾角變位式

$$M_{ba} = 1[1.5\theta_b] = 1.5\theta_b$$

$$M_{bg} = 1[1.5\theta_b] = 1.5\theta_b$$

$$M_{bc} = 1[2\theta_b + \theta_c - 3R] = 2\theta_b + \theta_c - 3R$$

$$M_{cb} = 1[\theta_b + 2\theta_c - 3R] = \theta_b + 2\theta_c - 3R$$

$$M_{ch} = 1[1.5\theta_c] = 1.5\theta_c$$

（五）力平衡條件

1. $\sum M_b = 0$ ，$M_{ba} + M_{bg} + M_{bc} = 0 \Rightarrow 5\theta_b + \theta_c - 3R = 0$

2. $\sum M_c = 0$ ，$M_{cb} + M_{ch} = 0 \Rightarrow \theta_b + 3.5\theta_C - 3R = 0$

3. bc 桿剪力向平衡：$\dfrac{M_{bc} + M_{cb}}{3} + 12 = 0 \Rightarrow 3\theta_b + 3\theta_c - 6R = -36$

聯立上三式，可得 $\theta_b = \dfrac{20}{3}$ 、 $\theta_c = \dfrac{32}{3}$ 、 $R = \dfrac{44}{3}$

（六）帶回傾角變位式，可得桿端彎矩

$$M_{ba} = 1.5\theta_b = 10\ kN-m \qquad\qquad M_{ef} = M_{ba} = 10\ kN-m$$
$$M_{bg} = 1.5\theta_b = 10\ kN-m = M_{be} \qquad M_{eb} = M_{be} = 10\ kN-m$$
$$M_{bc} = 2\theta_b + \theta_c - 3R = -20\ kN-m \xrightarrow{\text{實質反對稱}} M_{ed} = M_{bc} = -20\ kN-m$$
$$M_{cb} = \theta_b + 2\theta_c - 3R = -16\ kN-m \qquad M_{de} = M_{cb} = -16\ kN-m$$
$$M_{ch} = 1.5\theta_c = 16\ kN-m = M_{cd} \qquad M_{dc} = M_{cd} = 16\ kN-m$$

（七）b 點轉角及水平位移

$$M_{bc} = 1[2\theta_b + \theta_c - 3R]\quad\text{相對式}$$

$$M_{bc} = \frac{2EI}{3}[2\theta_b + \theta_c - 3R_{bc}]\quad\text{真實式}$$

1. $1 \times 2\theta_b^{\frac{20}{3}} = \dfrac{2EI}{3} \times 2\theta_b \quad \therefore \theta_b = \dfrac{10}{EI} = 5 \times 10^{-4}\ rad\ (\curvearrowright)$

2. $1 \times \left(-3R^{\frac{44}{3}}\right) = \dfrac{2EI}{3} \times \left(-3R_{bc}\right) \quad \therefore R_{bc} = \dfrac{22}{EI}$

$$\therefore \Delta_{bc} = R_{bc} \times 3 = \frac{66}{EI} = 3.3 \times 10^{-3}\ m$$

（八）繪製彎矩圖

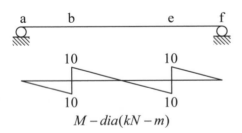

$$M-dia(kN-m)$$

六、一對稱靜不定剛架系統 ABCD 以三根桿件相接,各桿長度、彎曲剛度如下圖所示。現於 BC 桿件承受一均佈載重 15 t/m,試以任意方法分析此剛架,並繪製剪力及彎矩圖。
（25 分）

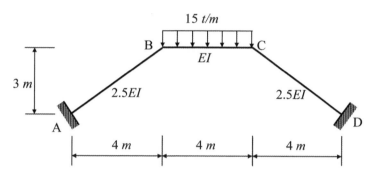

（110 三等-結構學#4）

參考題解

（一）固端彎矩：$M_{BC}^F = -\dfrac{15 \times 4^2}{12} = -20 \ t-m$

（二）K 值比 $\Rightarrow k_{AB} : k_{BC} = \dfrac{2.5EI}{5} : \dfrac{EI}{4} = 2 : 1$

（三）R 值比：實質對稱結構,沒有 R 值

（四）傾角變位式

$M_{AB} = 2[\theta_B] = 2\theta_B$

$M_{BA} = 2[2\theta_B] = 4\theta_B$

$M_{BC} = 1[2\theta_B + \theta_C] - 20 = \theta_B - 20 \quad (\theta_C = -\theta_B)$

（五）力平衡條件

$\sum M_B = 0$, $M_{BA} + M_{BC} = 0 \Rightarrow 5\theta_B - 20 = 0 \ \therefore \theta_B = 4$

（六）帶回傾角變位式,得各桿端彎矩

$M_{AB} = 2\theta_B = 8 \ t\text{-}m$ $M_{DC} = -M_{AB} = -8 \ t\text{-}m$

$M_{BA} = 4\theta_B = 16 \ t\text{-}m \xrightarrow{\ \text{實質對稱}\ } M_{CD} = -M_{BA} = -16 \ t\text{-}m$

$M_{BC} = \theta_B - 20 = -16 \ t\text{-}m$ $M_{CB} = -M_{BC} = 16 \ t\text{-}m$

（七）繪製剪力彎矩圖

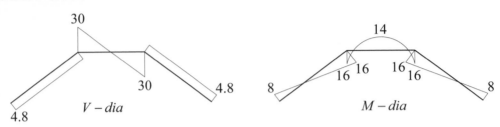

七、有一 ABC 連續梁，B 點為鉸支撐，A 點及 C 點各有一位移性彈簧支撐。假設梁之彎矩勁度為 *EI*，彈簧係數 k = *EI* / *L*³。A 點及 C 點各受一集中力 P，試求 B 點之反力及作用方向、B 點之彎矩（註明正值或負值）、A 點及 C 點彈簧所受之力（註明壓力或張力）、A 點及 C 點之位移及位移方向。（25 分）

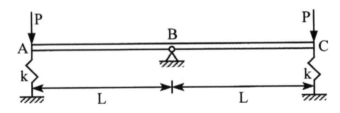

提示：

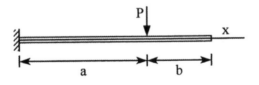

$$v(x) = -\frac{Px^2}{6EI}(3a - x), \quad (0 \le x \le a)$$

（110 司法-結構分析#4）

參考題解

（一）觀察構件為一度靜不定

取 B 點為贅力，建立諧和變位條件

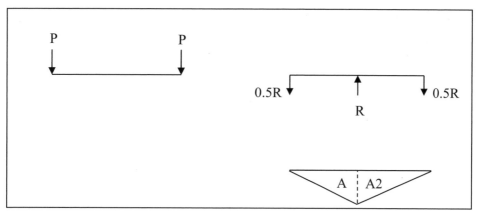

$$A_1 = \frac{RL}{2} \times L \times \frac{1}{2} = -\frac{RL^2}{4EI}$$

$$y_1 = -\frac{L}{3}$$

$$A_2 = \frac{RL}{2} \times L \times \frac{1}{2} = -\frac{RL^2}{4EI}$$

$$y_2 = -\frac{L}{3}$$

$$\sum A_i y_i = 彈簧變位量$$

$$\frac{RL^3}{6EI} = \frac{PL^3}{2EI} - \frac{RL^3}{2EI} \Rightarrow \frac{10RL^3}{12EI} = \frac{PL^3}{2EI} \Rightarrow R = 0.6P$$

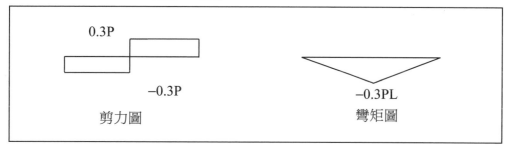

八、有一 ABC 連續梁，B 點為鉸支承，A 點及 C 點為滑動支撐（sliding support），設梁之彎矩勁度為 EI。試求 B 點之反力及作用方向、B 點之彎矩（註明正值或負值），A 點及 C 點之彎矩（註明正值及負值），A 點及 C 點之位移及位移方向。（25 分）

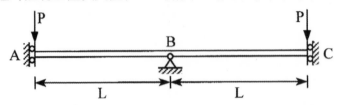

提示：考慮對稱性及重疊法

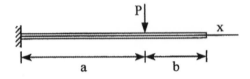

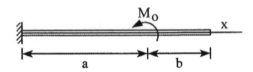

$$v(x) = -\frac{Px^2}{6EI}(3a-x), \quad (0 \le x \le a)$$

$$v(x) = \frac{M_0 x^2}{2EI}, \quad (0 \le x \le a)$$

（111 高考-工程力學#4）

參考題解

（一）B 點反力及作用方向

$$\sum F_y = 0 \,,\, R_B = 2P \,(\uparrow)$$

$$\sum F_x = 0 \,,\, H_B = 0 \,（對稱性）$$

（二）A、C 點彎矩與位移

根據對稱性切一半分析，B 點可修正為固定端

1. 計算 A、C 點彎矩 M

取 C 點彎矩為贅力 M，以基本變位公式搭配 θ_C 的諧和變位條件求解 M

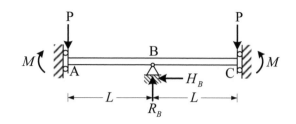

切一半分析 ⇓

$$\theta_C^{\,0} = \frac{1}{2}\frac{PL^2}{EI} - \frac{1}{1}\frac{ML}{EI} \quad \therefore M = \frac{1}{2}PL \ (\frown) \Rightarrow \text{A、C 點彎矩皆為} \frac{1}{2}PL（正彎矩）$$

2. 計算 A、C 點位移 Δ：$\Delta = \frac{1}{3}\frac{PL^3}{EI} - \frac{1}{2}\frac{ML^2}{EI} = \frac{1}{3}\frac{PL^3}{EI} - \frac{1}{2}\frac{(PL/2)L^2}{EI} = \frac{1}{12}\frac{PL^3}{EI} \ (\downarrow)$

根據對稱性 $\Delta_A = \Delta_C = \Delta = \frac{1}{12}\frac{PL^3}{EI} \ (\downarrow)$

3. B 點彎矩：對 BC 桿取力矩平衡，可得 B 點彎矩

$$\sum M_B = 0 \ , \ PL = \cancel{M}^{\,PL/2} + M_B \quad \therefore M_B = \frac{PL}{2}（負彎矩）$$

九、如下圖所示之平面剛架結構，a、d、e、n 點為鉸支承，c 點及 m 點為鉸接，各桿件有相同之彈性模數 E 與慣性矩 I，且 $EI = 250000$ kN-m^2。不考慮各桿件的軸向變形，求 ab 桿件的端點彎矩、此結構系統之撓曲應變能、b 點及 c 點垂直位移。（30 分）

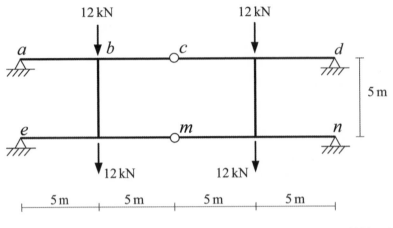

（111 土技-結構分析#3）

參考題解

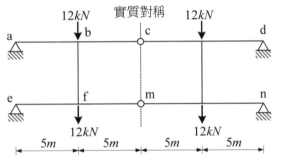

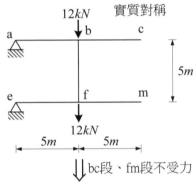

傾角變位法

（一）固端彎矩：無

（二）k 值比 $\Rightarrow k_{ab} : k_{bf} : k_{ef} = 1 : 1 : 1$

（三）R 值比 $\Rightarrow R_{ab} = R_{ef} = R$

（四）傾角變位式

$$M_{ba} = 1[1.5\theta_b - 1.5R] = 1.5\theta_b - 1.5R$$

$$M_{bf} = [2\theta_b + \theta_f] = 3\theta_b \quad (\theta_f = \theta_b)$$

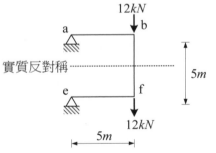

（五）力平衡

1. $\sum M_b = 0$，$M_{ba} + M_{bf} = 0 \Rightarrow 4.5\theta_b - 1.5R = 0$..........①

2. $\sum F_y = 0$，$V_{ab} = -12 \Rightarrow \dfrac{M_{ba}}{5} = -12 \Rightarrow 1.5\theta_b - 1.5R = -60$........②

   聯立①② 可得 $\begin{cases} \theta_b = 20 \\ R = 60 \end{cases}$

（六）帶回傾角變位式 $\Rightarrow \begin{cases} M_{ba} = 1.5\theta_b - 1.5R = -60 \ kN-m \\ M_{bf} = 3\theta_b = 60 \ kN-m \end{cases}$

（七）b 點垂直位移 Δ_b 與 c 點垂直位移 Δ_c：

1. $\begin{cases} 真實式：M_{ba} = \dfrac{2EI}{5}[1.5\theta_b - 1.5R_{ab}] \\ 相對式：M_{ba} = 1[1.5\theta_b - 1.5R] \end{cases} \Rightarrow \dfrac{2EI}{5} \times R_{ab} = 1 \times \cancel{R}^{60} \quad \therefore R_{ab} = \dfrac{150}{EI}(\frown)$

2. $\dfrac{\Delta_{ab}}{5} = R_{ab} \Rightarrow \Delta_{ab} = 5R_{ab} = \dfrac{750}{EI} \quad \therefore \Delta_b = \Delta_{ab} = \dfrac{750}{EI}$

3. 不計軸向變形 $\Rightarrow \Delta_b = \Delta_c = \dfrac{750}{EI} = \dfrac{750}{250000} = 3 \times 10^{-3} \ m$

（八）撓曲應變能 U_M

1. 外力對左半部 abfe 做的功：$W_{left} = \dfrac{1}{2}(12)\Delta_b + \dfrac{1}{2}(12)\Delta_c = \dfrac{9000}{EI}$

2. 左右對稱，外力對整體結構變位做的功：$W = 2W_{left} = \dfrac{18000}{EI}$

3. 根據功能原理：$W = U = \dfrac{18000}{EI}$

4. 不計軸向變形：$U_M = U = \dfrac{18000}{EI} = \dfrac{18000}{250000} = 0.072 \ kJ$

十、如圖所示剛架結構，不考慮桿件的軸向變形，a 點及 e 點為鉸支承，桿件有相同彈性
模數 E 與慣性矩 I，且 $EI = 40000 \, \text{kN-m}^2$。求 cd 梁桿件的彎矩圖、b 點及 c 點的水平位
移。（25 分）

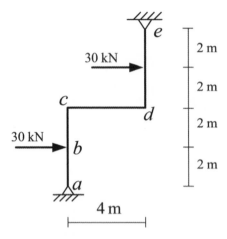

（111 結技–結構學#2）

參考題解

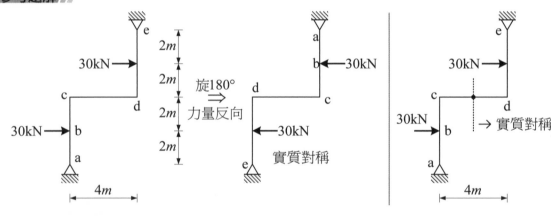

（一）採傾角變位法，列一半分析

1. 固端彎矩：$H_{ca}^{F} = \dfrac{3}{16} \times 30 \times 4 = 22.5 \, kN - m$

2. K 值比 $\Rightarrow k_{ac} : k_{cd} = \dfrac{EI}{4} : \dfrac{EI}{4} = 1 : 1$

3. R 值比：

   $R_{cd} \times 4 = 0 \quad \therefore R_{cd} = 0$

   $R_{ac} \times 4 + R_{de} \times 4 = 0 \quad \therefore R_{ac} = -R_{de} \Rightarrow 令 R_{ac} = R$

4. 傾角變位式：

$$M_{ca} = 1[1.5\theta_c - 1.5R] + H_{ca}^F = 1.5\theta_c - 1.5R + 22.5$$

$$M_{cd} = 1[2\theta_c + \theta_d] = \theta_c \quad (\theta_d = -\theta_c)$$

5. 力平衡條件：

（1）$\sum M_c = 0$, $M_{ca} + M_{cd} = 0 \Rightarrow 2.5\theta_c - 1.5R = -22.5$......①

（2）$\sum F_x = 0$, $V_{ac} = -30 \Rightarrow \dfrac{M_{ca}}{4} - 15 = -30$ ∴$1.5\theta_c - 1.5R = -82.5$.....②

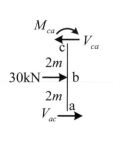

註：由於結構實質對稱，故 a 點的水平反力必為向左 30 kN，因此 $V_{ac} = -30$

（3）聯立①② 可得 $\begin{cases} \theta_c = 60 \\ R = 115 \end{cases}$

6. 代回傾角變位式，可得桿端彎矩 $\Rightarrow \begin{cases} M_{ca} = 1.5\theta_c - 1.5R + 22.5 = -60 \ kN - m \\ M_{cd} = \theta_c = 60 \ kN - m \end{cases}$

（二）cd 桿彎矩圖：$M_{dc} = -M_{cd} = -60 \ kN - m$

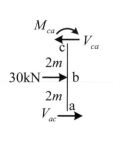

M-dia

（三）c 點水平位移 Δ_{cH}

1. 計算真實構材角 R_{ac}

真實式：$M_{ca} = \dfrac{2EI}{4}[1.5\theta_c - 1.5R_{ac}] + H_{ca}^F$

相對式：$M_{ca} = 1[1.5\theta_c - 1.5R] + H_{ca}^F$

$\Rightarrow \dfrac{2EI}{4}(R_{ac}) = 1 \cdot \cancel{R}^{115} \quad$ ∴$R_{ac} = \dfrac{230}{EI}$

2. $\Delta_{cH} = R_{ac} \times 4 = \dfrac{920}{\cancel{EI}^{40000}} = 0.023m \ (\rightarrow)$

（1）b 點水平位移

$$\Delta_{bH} = \frac{1}{48}\frac{30 \times 4^3}{EI} + \frac{1}{16} \times \frac{60 \times 4^2}{EI} + \frac{1}{2}\Delta_{cH} = \frac{40}{EI} + \frac{60}{EI} + \frac{460}{EI} = \frac{560}{EI}^{40000} = 0.014m \; (\rightarrow)$$

Chapter 7 影響線

重點內容摘要

（一）靜定桁架影響線的繪製

    1. 判斷欲求桿件所在的桁架隔間。

    2. 分別將 1 單位力施加於上述隔間節點上，計算對應的桿件內力。

    3. 將前述得到的桿件內力值標示於影響線圖上，各點數值連接成線，該圖形便是欲求的桿件內力 I.L。

（二）靜定梁的影響線繪製

    1. 支承反力的 I.L：移除欲畫的支承反力向束制，給予該方向上 1 單位變位。

    2. 剪力的 I.L：

        （1）畫法：

            移除該處剪力向束制，給予該方向 1 單位「正剪力方向」的相對位移（左下右上）。

        （2）特性：

            該處的剪力 I.L 會有斷點，且兩側斜率會相等（該處為內連接例外）。

    3. 彎矩的 I.L

        （1）畫法：

            移除該處彎矩向束制，給予該方向 1 單位「正彎矩方向」的相對轉角。

        （2）特性：

            該處的彎矩 I.L 會有折點。

（三）靜不定梁的影響線劃法

    1. 以 Muller breslau's 先劃出欲求的 I.L 形狀（靜不定梁會是曲線型）。

    2. 該曲線的函數（力函數）可以求解靜不定結構的方法（諧和變位法、共軛梁法，傾角變位法等）求出。

一、請畫出下圖三鉸橋型剛構架之支承 A 的水平反力(A_x)與垂直反力(A_y)，及 E 點剪力
（V_E)的影響線（Influence line），並分別標示出 C、D、E、F 及 G 點之值。（25 分）

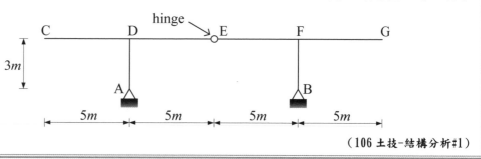

（106 土技-結構分析#1）

參考題解

採用逐點加載法計算 1 單位力分別作用在 C～G 時，所對應的 A 點支承反力

（一）A_x、A_y 的影響線數值

    1. 1 單位力分別作用在 C 點時

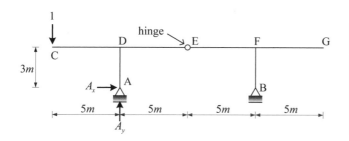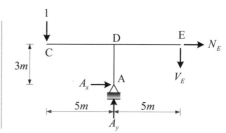

    （1）整體結構對 B 點取力矩平衡

$$\sum M_B = 0 \ , \ 1 \times 15 = A_y \times 10 \ \therefore A_y = \frac{3}{2}$$

    （2）切開 E 點，對 CDE 自由體的 E 點取力矩平衡

$$\sum M_E = 0 \ , \ 1 \times 10 + A_x \times 3 = A_y \times 5 \ \therefore A_x = -\frac{5}{6}$$

2. 1 單位力分別作用在 D 點時

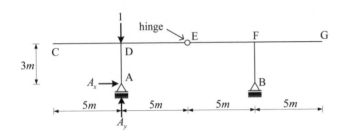 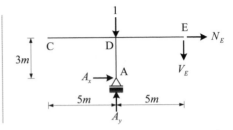

（1）整體結構對 B 點取力矩平衡

$$\sum M_B = 0 \ , \ 1 \times 10 = A_y \times 10 \ \therefore A_y = 1$$

（2）切開 E 點，對 CDE 自由體的 E 點取力矩平衡

$$\sum M_E = 0 \ , \ 1 \times 5 + A_x \times 3 = A_y \times 5 \ \therefore A_x = 0$$

3. 1 單位力分別作用在 E 點時

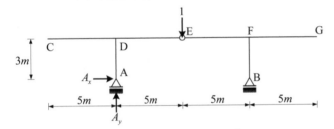 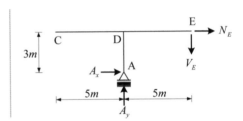

（1）整體結構對 B 點取力矩平衡

$$\sum M_B = 0 \ , \ 1 \times 5 = A_y \times 10 \ \therefore A_y = \frac{1}{2}$$

（2）切開 E 點，對 CDE 自由體的 E 點取力矩平衡

$$\sum M_E = 0 \ , \ A_x \times 3 = A_y \times 5 \ \therefore A_x = \frac{5}{6}$$

4. 1 單位力分別作用在 F 點時

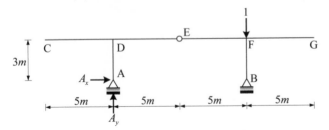 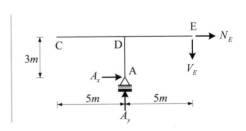

（1）整體結構對 B 點取力矩平衡

$$\sum M_B = 0 \ , \ 1 \times 0 = A_y \times 10 \ \therefore A_y = 0$$

（2）切開 E 點，對 CDE 自由體的 E 點取力矩平衡

$$\sum M_E = 0 \ , \ A_x \times 3 = A_y \times 5 \ \therefore A_x = 0$$

5. 1 單位力分別作用在 G 點時

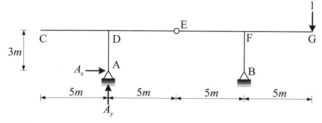 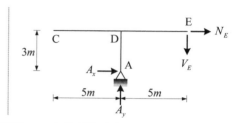

（1）整體結構對 B 點取力矩平衡

$$\sum M_B = 0 \ , \ 1 \times 5 + A_y \times 10 = 0 \ \therefore A_y = -\frac{1}{2}$$

（2）切開 E 點，對 CDE 自由體的 E 點取力矩平衡

$$\sum M_E = 0 \ , \ A_x \times 3 = A_y \times 5 \ \therefore A_x = -\frac{5}{6}$$

6. 根據前述所得各點數值，可得 A_x、A_y 的影響線

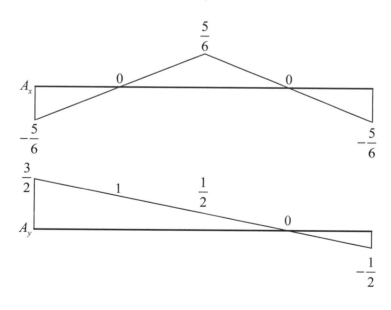

（二）E 點的剪力影響線

1. 當 1 單位力作用在「C 點~E 點左側」時，由 CDE 自由體垂直力平衡可得知

$$\sum F_y = 0 \ , \ 1 + V_E = A_y \ \ \therefore V_E = 1 - A_y$$

2. 當 1 單位力作用在「E 點右側~G 點」時，由 CDE 自由體垂直力平衡可得知

$$\sum F_y = 0 \ , \ V_E = A_y$$

3. 由上述兩個關係可得知 V_E 的影響線圖如下圖所示

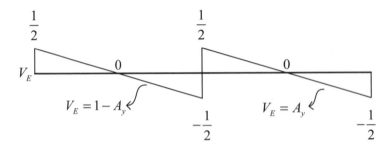

二、試分別繪出圖中桁架，桿件 FG、桿件 CF 及桿件 EF 的影響線；假設移動載重位於下弦桿。（25 分）

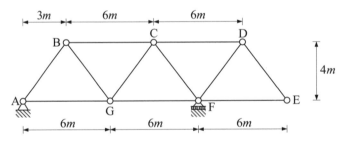

（106 三等-結構學#2）

參考題解

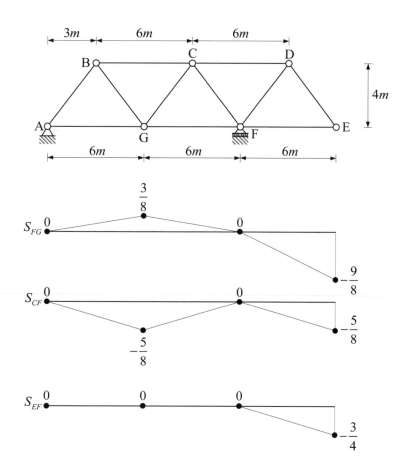

PS：

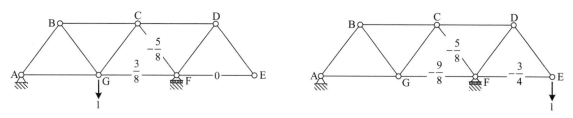

三、如圖所示梁結構，a 點為固定端，d 點及 f 點皆為滾支承，b 點及 c 點皆為鉸接。求固定端 a 點垂直反力、固定端 a 點彎矩、d 點支承垂直反力、e 點彎矩及 e 點剪力等五個物理量的影響線。（25 分）

（106 普考-結構學概要與鋼筋混凝土學概要#2）

參考題解

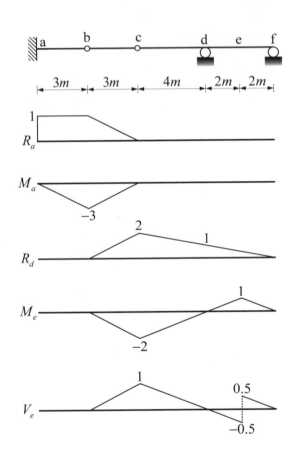

四、靜不定橋梁結構如下圖，A、E 為滾支承，F、G 為固定支承。請在上部梁 A-B-C-D-E
上繪出中點 C 向下位移的影響線。請註明正負並標明所有局部最大、最小值。假設所
有斷面 EI 皆為 800 kN-m² ，且只考慮撓曲變形，不計軸向變形和剪切變形。靜不定結
構分析方法不限制。（25 分）

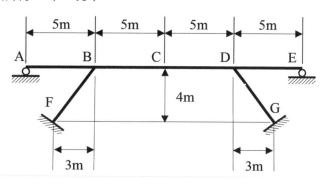

（107 結技-結構學#4）

參考題解

（一）考慮如圖(a)所示之結構，依投影法可得各桿件之轉角關係為

$$\phi_1 = \phi_3 = \frac{3}{5}\phi_4 \ ; \ \phi_2 = -\frac{3}{5}\phi_4 \ ; \ \phi_5 = \phi_4$$

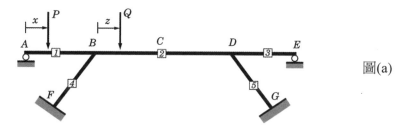

圖(a)

又 Ab 及 BD 桿件的固端彎矩如圖(b)所示，其中為

$$H_{BA} = -\frac{Px\left(25 - x^2\right)}{50}$$

$$F_{BD} = \frac{Q\,z\left(10 - z\right)^2}{100} \ ; \ F_{DB} = -\frac{Q\,z^2\left(10 - z\right)}{100}$$

圖(b)

（二）由傾角變位法公式，各桿端彎矩分別可表為

$$M_{BA} = 3\bar{\theta}_B - \frac{9}{5}\bar{\phi} + H_{BA} \; ; \; M_{BF} = 4\bar{\theta}_B - 6\bar{\phi} \; ; \; M_{BD} = 2\bar{\theta}_B + \bar{\theta}_D + \frac{9}{5}\bar{\phi} + F_{BD}$$

$$M_{FB} = 2\bar{\theta}_B - 6\bar{\phi} \; ; \; M_{DB} = \bar{\theta}_B + 2\bar{\theta}_D + \frac{9}{5}\bar{\phi} + F_{DB} \; ; \; M_{DG} = 4\bar{\theta}_D - 6\bar{\phi}$$

$$M_{DE} = 3\bar{\theta}_D - \frac{9}{5}\bar{\phi} \; ; \; M_{GD} = 2\bar{\theta}_D - 6\bar{\phi}$$

上列式中之 $\bar{\theta}_B = \frac{EI}{5}\theta_B$ ； $\bar{\theta}_D = \frac{EI}{5}\theta_D$ ； $\bar{\phi} = \frac{EI}{5}\phi_4$ 。考慮 B 點及 D 點的隅矩平衡，

可得

$$9\bar{\theta}_B + \bar{\theta}_D - 6\bar{\phi} = -(H_{BA} + F_{BD}) \qquad ①$$

$$\bar{\theta}_B + 9\bar{\theta}_D - 6\bar{\phi} = -F_{DB} \qquad ②$$

再參圖(c)，由 $\sum M_J = 0$ 可得

$$20\bar{\theta}_B + 20\bar{\theta}_D - 59.2\bar{\phi} = -2H_{BA} + Px + Q(5-z) \qquad ③$$

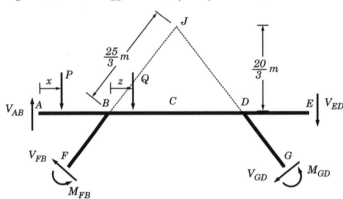

圖(c)

（三）當一單位力在 AB 段移動時，上述各式中之 $P=1$ ； $Q=0$ 。聯立①式至③式，可解出

$$\bar{\theta}_B = \left(-2.25x^3 + 39.21x\right) \times 10^{-3} \; ; \; \bar{\theta}_D = \left(0.25x^3 - 23.30x\right) \times 10^{-3}$$

$$\bar{\phi} = \left(-28.41x\right) \times 10^{-3}$$

圖(d)

再由 BCD 段桿件，參圖(d)所示可得

$$M_{BC} = M_{BD} = 4\bar{\theta}_B + 2\bar{\theta}_C - 6\bar{\phi}_{BC}$$

$$M_{CB} = 2\bar{\theta}_B + 4\bar{\theta}_C - 6\bar{\phi}_{BC}$$

聯立二式得

$$\bar{\phi}_{BC} = \frac{\bar{\theta}_B}{4} - \frac{\bar{\theta}_D}{4} - \frac{3}{5}\bar{\phi} = \left(-0.625x^3 + 32.67x\right) \times 10^{-3}$$

C 點之垂直位移 Δ_C 可表為

$$\Delta_C = 5\phi_1 + 5\phi_{BC} = 3\phi_4 + 5\phi_{BC} = \frac{5}{EI}\left(3\bar{\phi} + 5\bar{\phi}_{BC}\right)$$

將前述結果代入上式,可得當一單位力在 AB 段移動時,C 點垂直位移之影響線函數 $\Delta_C(x)$ 為

$$\Delta_C(x) = \left(-0.0195x^3 + 0.488x\right) \times 10^{-3} \qquad \left(0 \le x \le 5m\right) \qquad ④$$

其圖形如圖(f)中所示。

(四)當一單位力在 BC 段移動時,上述各式中之 $P = 0$;$Q = 1$。聯立①式至③式,可解出

$$\bar{\theta}_B = \left[-14.659z\left(10 - z\right)^2 + 2.159z^2\left(10 - z\right) + 170.455\left(z - 5\right)\right] \times 10^{-4}$$

$$\bar{\theta}_D = \left[-2.159z\left(10 - z\right)^2 + 14.659z^2\left(10 - z\right) + 170.455\left(z - 5\right)\right] \times 10^{-4}$$

$$\bar{\phi} = \left[-5.682z\left(10 - z\right)^2 + 5.682z^2\left(10 - z\right) + 284.09\left(z - 5\right)\right] \times 10^{-4}$$

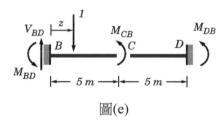

圖(e)

再由 BCD 段桿件,參圖(e)所示可得

$$M_{BC} = M_{BD} = \left(4\bar{\theta}_B + 2\bar{\theta}_C - 6\bar{\phi}_{BC}\right) + F_{BC}$$

$$M_{CB} = \left(2\bar{\theta}_B + 4\bar{\theta}_C - 6\bar{\phi}_{BC}\right) + F_{CB}$$

聯立二式得

$$\bar{\phi}_{BC} = \frac{1}{6}\left[\frac{3\bar{\theta}_B}{2} - \frac{3\bar{\theta}_D}{2} - \frac{18}{5}\bar{\phi} + K(z)\right]$$

其中

$$K(z) = \frac{100z - z^2(10-z) - 5z(10-z)^2 + 8z^2(5-z) + 16z(5-z)^2}{200}$$

因此，當一單位力在 BC 段移動時，C 點垂直位移之影響線函數 $\Delta_C(z)$ 為

$$\Delta_C(z) = 5\phi_1 + 5\phi_{BC} = \frac{5}{EI}(3\bar{\phi} + 5\bar{\phi}_{BC})$$

$$\qquad (0 \le z \le 5m) \qquad ⑤$$

$$= \frac{25}{EI}\left[\frac{\bar{\theta}_B}{4} - \frac{\bar{\theta}_D}{4} + \frac{K(z)}{6}\right]$$

其圖形如圖(f)中所示

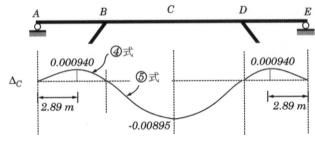

圖(f) 影響線

五、附圖所示，為一輛小汽車行駛在一座雙跨距的連續梁上。該汽車之輪軸重為 $W_{AX} = 1.0\,tf$；前、後輪軸距離為 4.0 m。梁之撓曲剛度 EI 為一常數值。試求：該汽車對於 A 點所能夠產生的最大反力。（25 分）

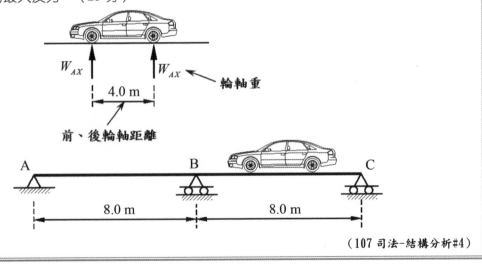

（107 司法-結構分析#4）

參考題解

（一）如圖(a)所示，當一單位力在 x 位置處時，由圖(b)所得之固端彎矩為

$$H_{BA} = -\frac{x\left(l^2 - x^2\right)}{2l^2}（負值表順鐘向）$$

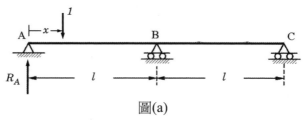

圖(a)

依傾角變位法可得

$$M_{BA} = \frac{EI}{l}[3\theta_B] + H_{BA} = \bar{\theta} + H_{BA}$$

$$M_{BC} = \frac{EI}{l}[3\theta_B] = \bar{\theta}$$

上列式中之 $\bar{\theta} = \dfrac{3EI}{l}\theta_B$。

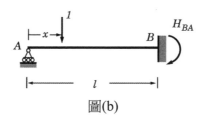

圖(b)

（二）考慮 B 點的隅矩平衡，可得

$$2\bar{\theta} + H_{BA} = 0$$

解出 $\bar{\theta} = -H_{BA}/2$。故有

$$M_{BA} = \frac{H_{BA}}{2} = -\frac{x\left(l^2 - x^2\right)}{4l^2}$$

A 點反力 R_A 為

$$R_A = \frac{M_{BA} + 1(l - x)}{l} = \frac{1}{l}\left[(1 - x) - \frac{x\left(l^2 - x^2\right)}{4l^2}\right] \qquad ①$$

（三）當車子前輪恰在 A 點，後輪在 AB 段中央點時，R_A 有最大值（⊙為何呢？）。由①式可得

當 $x = 0$ 時，$R_A = 1$

當 $x = 4\,m$ 時，$R_A = 0.406$

故 A 點反力最大值 $(R_A)_{max}$ 為

$$(R_A)_{max} = W_{Ax}(1) + W_{Ax}(0.406) = 1.406 \; tf \; (\uparrow)$$

六、如圖所示，一座桁架橋梁長 40 m。如圖示桿件 PE 軸力之影響線，即考慮一單位方向朝下之移動載重沿著下弦桿由 A 點往 K 點移動，造成桿件 PE 之軸力，其中正值表示受拉力，負值表示受壓力。

（一）試求出影響線中 a 與 b 之數值。（10 分）

（二）今考慮一輛大卡車，各軸距為 4 m，前軸傳遞荷載 60 kN，中軸傳遞 180 kN，後軸傳遞 120 kN。去程時，該卡車向右前進，緩緩通過該橋梁，之後於返程時，朝左前進通過該橋梁。同時檢討去程與返程，利用上述影響線求出桿件 PE 所受之最大張力及壓力。（15 分）

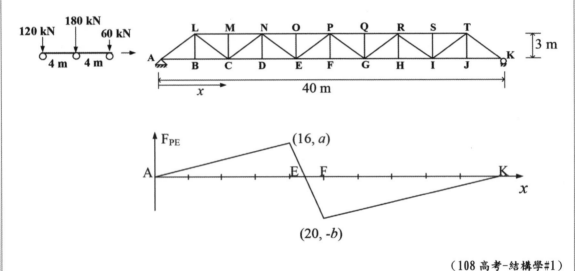

（108 高考-結構學#1）

參考題解

（一）將 1 單位力加於 E 點，可得 $F_{PE} = \dfrac{2}{3} \Rightarrow a = \dfrac{2}{3}$

將 1 單位力加於 F 點，可得 $F_{PE} = -\dfrac{5}{6} \Rightarrow b = -\dfrac{5}{6}$

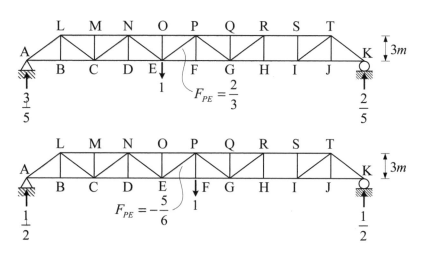

（二）桿件 PE 所受之最大張力與壓

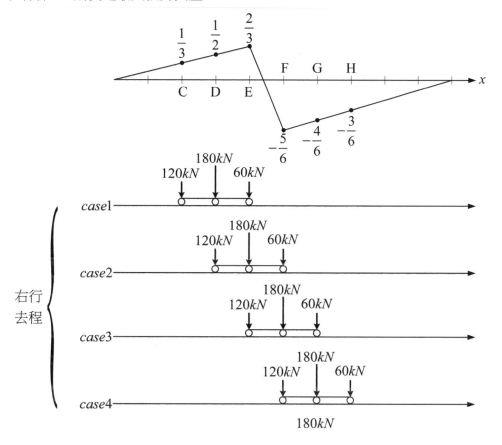

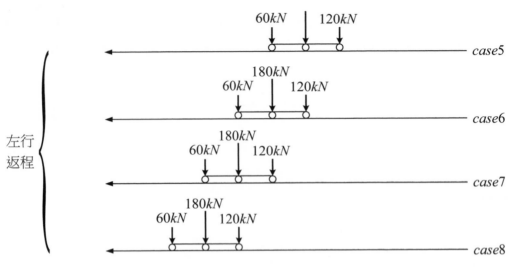

$case1 : F_{PE} = 120\left(\frac{1}{3}\right) + 180\left(\frac{1}{2}\right) + 60\left(\frac{2}{3}\right) = 170 \, kN$

$case2 : F_{PE} = 120\left(\frac{1}{2}\right) + 180\left(\frac{2}{3}\right) + 60\left(-\frac{5}{6}\right) = 130 \, kN$

$case3 : F_{PE} = 120\left(\frac{2}{3}\right) + 180\left(-\frac{5}{6}\right) + 60\left(-\frac{4}{6}\right) = -110 \, kN$

$case4 : F_{PE} = 120\left(-\frac{5}{6}\right) + 180\left(-\frac{4}{6}\right) + 60\left(-\frac{3}{6}\right) = -250 \, kN$ ☜*control*

$case5 : F_{PE} = 60\left(-\frac{5}{6}\right) + 180\left(-\frac{4}{6}\right) + 120\left(-\frac{3}{6}\right) = -230 \, kN$

$case6 : F_{PE} = 60\left(\frac{2}{3}\right) + 180\left(-\frac{5}{6}\right) + 120\left(-\frac{4}{6}\right) = -190 \, kN$

$case7 : F_{PE} = 60\left(\frac{1}{2}\right) + 180\left(\frac{2}{3}\right) + 120\left(-\frac{5}{6}\right) = 50 \, kN$

$case8 : F_{PE} = 60\left(\frac{1}{3}\right) + 180\left(\frac{1}{2}\right) + 120\left(\frac{2}{3}\right) = 190 \, kN$ ☜*control*

最大壓力發生在右行的 case4，$F_{PE} = -250 \, kN$

最大拉力發生在左行的 case8，$F_{PE} = 190 \, kN$

七、如下圖所示，請繪出所示桁架結構下列影響線：1. A 支承垂直反力，2. D 支承垂直反力，3. E 支承垂直反力，4. F 支承垂直反力，5. BC 桿件力，6. BG 桿件力。（25 分）

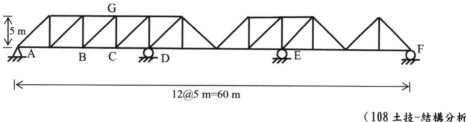

（108 土技-結構分析#2）

參考題解

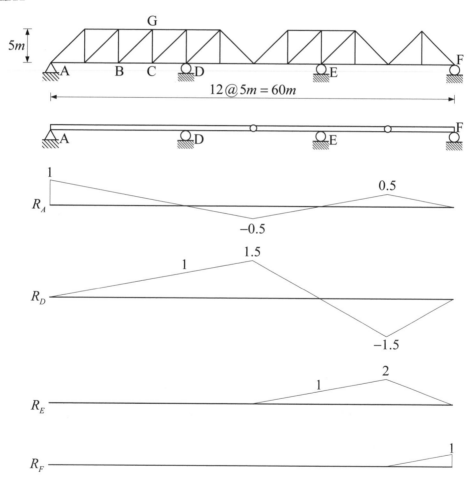

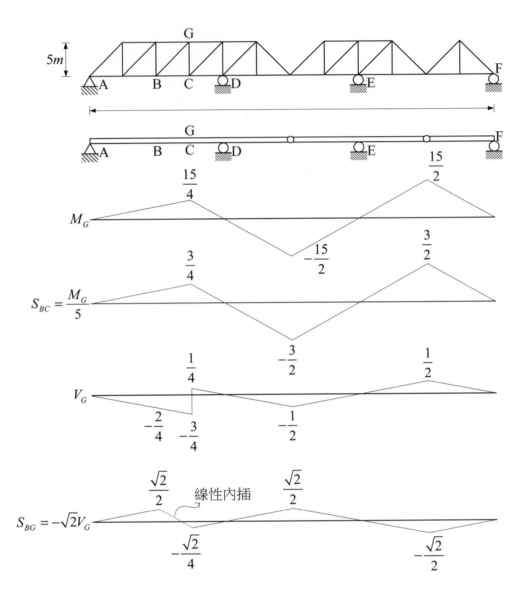

八、圖所示靜定桁架結構,車行橋面位於桁架 AG 線上:

(一)試求桿 BK 之桿件力在單一集中移動載重作用下之影響線。(10 分)

(二)當圖(b)所示移動載重組合,由左向右通過桁架橋面 AG 時,試求桿 BK 在該移動載重組合通過時造成之最大桿力。(15 分)

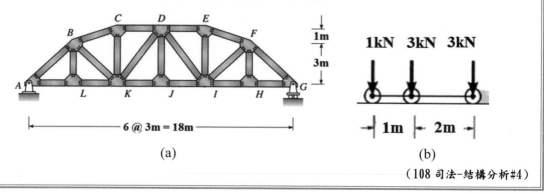

(a)

(b)

(108 司法-結構分析#4)

參考題解

(一)參圖(c)所示,繪 m 斷面之彎矩及剪力影響線。

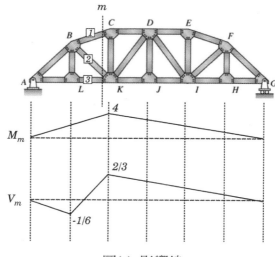

圖(c) 影響線

(二)依 m 斷面彎矩的等效力系可知

$$S_1 = -\frac{\sqrt{10}}{12} M_m \qquad ①$$

由①式可得 S_1 的影響線,如圖(d)中所示。再依 m 斷面剪力的等效力系可得

$$S_{BK} = S_2 = \sqrt{2}\left[V_m + \frac{S_1}{\sqrt{10}}\right] \qquad ②$$

由②式可得 S_{BK} 的影響線,如圖(d)中所示。

（三）當組合載重位於圖(d)中位置時，BK 桿有最大桿力，其值為

$$(S_{BK})_{\max} = 1\left(\frac{\sqrt{2}}{3}\right) + 3\left(\frac{11\sqrt{2}}{36}\right) + 3\left(\frac{3\sqrt{2}}{12}\right) = 2\sqrt{2}\ kN$$

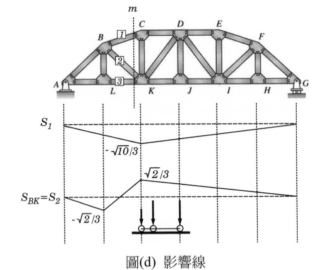

圖(d) 影響線

九、如圖所示靜不定梁結構，桿件 *ab*、*bc* 及 *cd* 有相同彈性模數為 *E*，桿件 *ab* 及 *bc* 慣性矩為 *I*，而桿件 *cd* 慣性矩為 1.5 *I*。繪出 *b* 點反力影響線的示意圖，並求此反力影響線的最大值及其在 *c* 點的數值。（25 分）

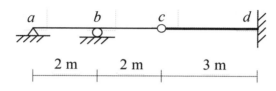

（109 結技–結構學#3）

參考題解

（一）點 b 之支承力 R_b 之影響線的示意圖如圖(a)所示。

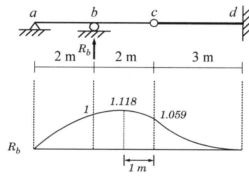

圖(a) 影響線

（二）當一單位在 cb 段時，如圖(b)所示，取 R_b 為贅餘力可得

$$R_a = \frac{x - 2R_b}{4} \quad ; \quad V_c = \frac{2R_b + x - 4}{4}$$

（三）參圖(b)所示之 M/EI 圖，取 ab 段依彎矩面積法可得

$$\theta_b = \theta_a + \frac{2R_a}{EI}$$

$$y_b = y_a + 2\theta_a + \left[\frac{2R_a}{EI}\left(\frac{2}{3}\right)\right]$$

其中 $y_b = y_a = 0$，因此可得

$$\theta_a = -\frac{2R_a}{3EI} \quad ; \quad \theta_b = \frac{4R_a}{3EI}$$

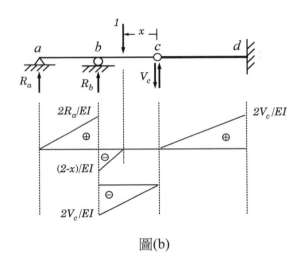

圖(b)

（四）取 bc 段依彎矩面積法可得

$$\theta_{cL} = \theta_b - \frac{(2-x)^2}{2EI} - \frac{2V_c}{EI}$$

$$y_c = y_b + 2\theta_b - \frac{(2-x)^2}{2EI}\left(\frac{x+4}{3}\right) - \frac{2V_c}{EI}\left(\frac{4}{3}\right)$$

其中 $y_b = 0$，因此可得

$$y_c = \frac{8R_a}{3EI} - \frac{(2-x)^2(x+4)}{6EI} - \frac{8V_c}{3EI}$$

（五）取 cd 段依彎矩面積法可得

$$\theta_d = \theta_{cR} + \frac{3V_c}{EI} = 0$$

$$y_d = y_c + 3\theta_{cR} + \frac{3V_c}{EI}(1) = 0$$

聯立上述二式，可解得贅餘力 R_b 為

$$R_b = \frac{104 - 18x - 2(2-x)^2(x+4)}{68} \qquad \text{①}$$

當 $x = 0$ 時，由①式得 $R_b = 1.059$。當 $x = 2\ m$ 時，由①式得 $R_b = 1$。微分①式並令之為零，解得 R_b 之影響線極值發生於 $x = 1\ m$ 處，亦即影響線最大值為

$$(R_b)_{max} = \frac{104 - 18(1) - 2(1)^2(1+4)}{68} = 1.118$$

R_b 的影響線如圖(a)所示，正值表示方向朝上。

十、如圖示桁架結構，a 點及 e 點都為鉸支承，各桿件有相同彈性模數 E 與斷面積 A。當向下之單位載重在桁架底弦 abcde 移動，分別求 a 點水平反力、ab 桿件及 bg 桿件軸力的影響線。（25 分）

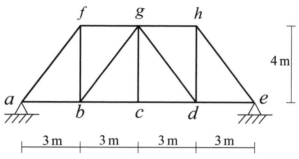

（110 結技-結構學#3）

參考題解

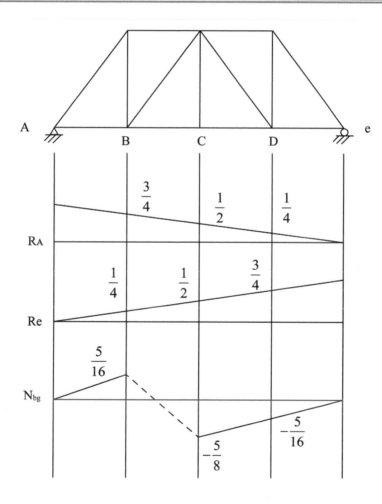

（一）分析 N_{bg}

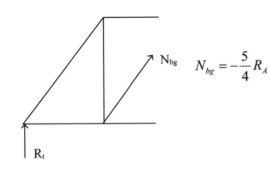 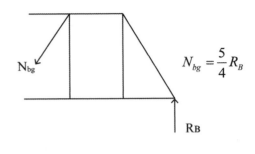

$$N_{bg} = -\frac{5}{4}R_A$$

$$N_{bg} = \frac{5}{4}R_B$$

（二）已知 ae 為兩鉸接，故其為恆零桿件，並逐點分析

1 單位力作用於中點

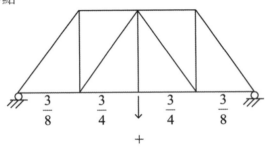

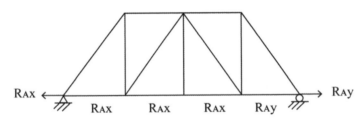

疊加後

$$N_{AB} + N_{BC} + N_{CD} + N_{DE} = \frac{3}{8} + \frac{3}{4} + \frac{3}{8} + \frac{3}{4} + 4 \times R_{Ay} = 0$$

故 $R_{AX} = -\frac{9}{16}$

依其上述方式施加於各點，同理可得

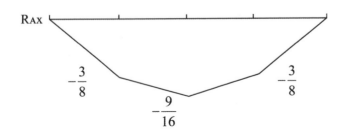

十一、一均勻連續梁結構系統 ABCDEF，其中 A 端為鉸支承，C 及 E 為滾支承，B 為一中
央鉸。若梁上施加各項載重如下圖所示：

（一）試繪出系統中各反力（R_A、R_C、R_E）之影響線。（6 分）

（二）請直接應用影響線，計算圖示載重所造成之各反力數值（使用其他方法不計
分）。（9 分）

（三）繪出本結構系統之剪力及彎矩圖。（10 分）

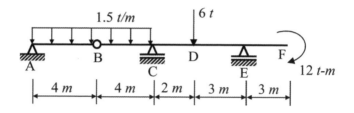

（110 三等-結構學#2）

參考題解

（一）

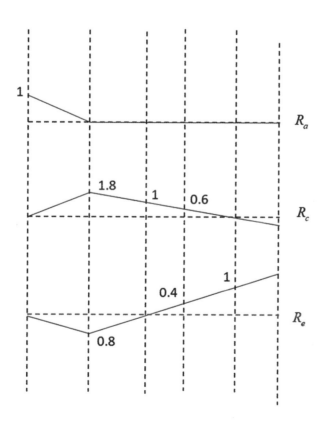

（二）計算支承反力

$$R_a = -1.5 \times 4 \div 2 = -3\,(\text{t})$$

$$R_c = -1.8 \times 1.5 \times 4 \div 2 + -(2.7+1.5) \times 4 \div 2 + 6 \times 0.6 + 0.2 \times 12 = -15(t)$$

$$R_c = 1.5 \times 0.8 \times 8 \div 2 + (-0.4) \times 6 + (-12 \times 0.2) = 0(t)$$

（三）繪製剪力彎矩圖

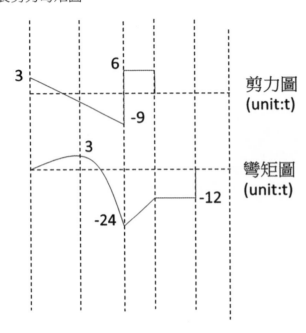

剪力圖
(unit:t)

彎矩圖
(unit:t)

十二、如下圖梁，承受1.5 kN / m的均佈活載重和8 kN的單一集中載重，靜載重為2 kN / m。

請回答下列問題（A點是滾接支承，B點是鉸支承，構件自重不計）。（25分）

（一）繪製 C 點剪力影響線

（二）繪製 C 點彎矩影響線

（三）求 C 點最大正剪力

（四）求 C 點最大正彎矩

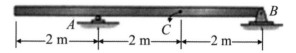

（111 高考-結構學#1）

參考題解

假設：

均布活載重 $w_L = 1.5 \, kN / m$ 的作用位置與長度可任意配置

單一集中載重 $P = 8 \, kN$ 可作用於任意位置

均佈靜載重 $w_D = 2 \, kN / m$ 作用於梁全跨度

（一）C 點剪力影響線

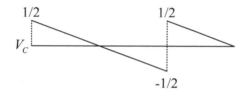

（二）C 點彎矩影響線

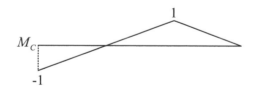

（三）C 點最大正剪力

$$V_{c,\max}^{+} = w_D\left[\left(\frac{1}{2}\times 2\times\frac{1}{2}\right)\times 2 - \frac{1}{2}\times 2\times\frac{1}{2}\right]$$

$$+ w_L\left(\frac{1}{2}\times 2\times\frac{1}{2}\right)\times 2 + P\times\frac{1}{2}$$

$$= 2\times 0.5 + 1.5\times 1 + 8\times\frac{1}{2} = 6.5\ kN$$

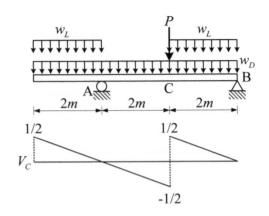

（四）C 點最大正彎矩

$$M_{c,\max}^{+} = w_D\left[\frac{1}{2}\times 4\times 1 - \frac{1}{2}\times 2\times 1\right]$$

$$+ w_L\left(\frac{1}{2}\times 4\times 1\right) + P\times 1$$

$$= 2\times 1 + 1.5\times 2 + 8\times 1 = 13\ kN - m$$

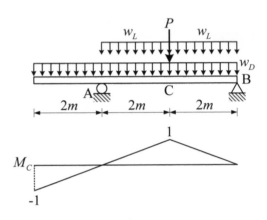

十三、如圖所示桁架結構，a、b、c 點為滾支承，e 點為鉸支承，各桿件有相同彈性模數 E
與斷面積 A。當單位載重在桁架底弦移動，分別求 a 點反力、b 點反力、c 點反力、
mn 桿件軸力及 nk 桿件軸力的影響線。（25 分）

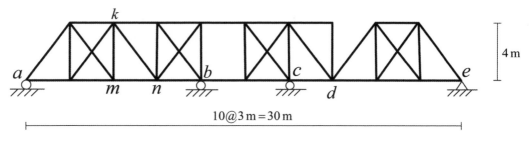

（111 結技–結構學#3）

參考題解

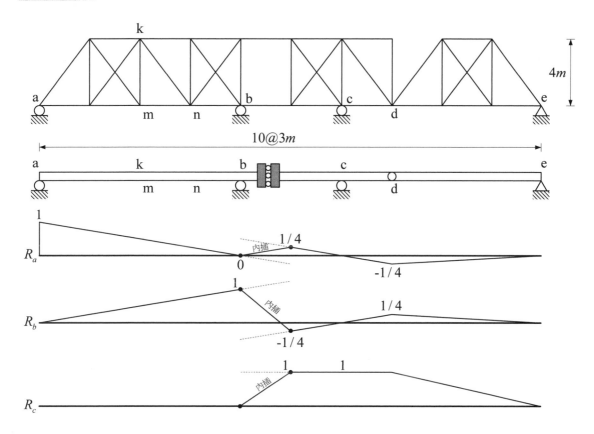

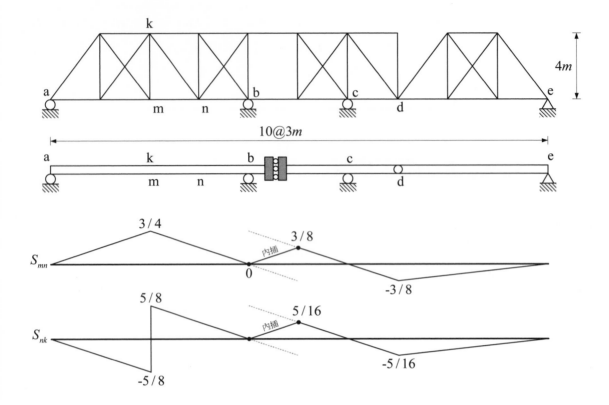

十四、試繪製圖示連續梁指定函數的影響線：D 點支承反力（R_D）、B 點彎矩（M_B）、D 點彎矩（M_D）、B 點剪力（V_B）與 D 點支承左側斷面的剪力（V_{DL}）。影響線必須標示數值，只有圖形沒有標示數值者不予計分。（25 分）

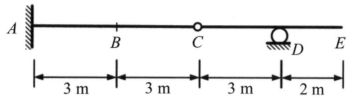

（111 四等-結構學概要與鋼筋混凝土學概要#1）

參考題解

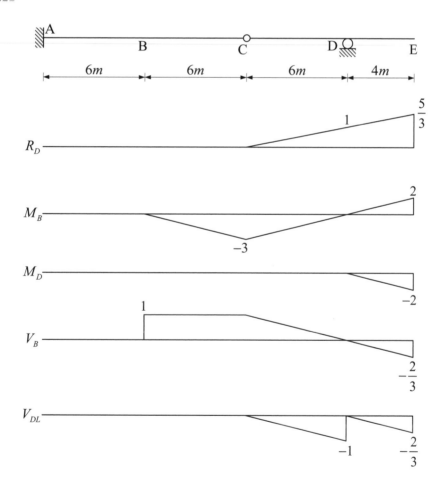

Chapter **8** 結構矩陣
重點內容摘要

（一）直接勁度法：桿件元素勁度矩陣$[k]$

1. 一般情況

$$[k]=\begin{bmatrix} \dfrac{EA}{L} & 0 & 0 & -\dfrac{EA}{L} & 0 & 0 \\[2mm] 0 & \dfrac{12EI}{L^3} & \dfrac{6EI}{L^2} & 0 & -\dfrac{12EI}{L^3} & \dfrac{6EI}{L^2} \\[2mm] 0 & \dfrac{6EI}{L^2} & \dfrac{4EI}{L} & 0 & -\dfrac{6EI}{L^2} & \dfrac{2EI}{L} \\[2mm] -\dfrac{EA}{L} & 0 & 0 & \dfrac{EA}{L} & 0 & 0 \\[2mm] 0 & -\dfrac{12EI}{L^3} & -\dfrac{6EI}{L^2} & 0 & \dfrac{12EI}{L^3} & -\dfrac{6EI}{L^2} \\[2mm] 0 & \dfrac{6EI}{L^2} & \dfrac{2EI}{L} & 0 & -\dfrac{6EI}{L^2} & \dfrac{4EI}{L} \end{bmatrix}$$

2. 桁架結構（只計軸向變形）

（1）桿件元素勁度矩陣

$$[k]=\frac{AE}{L}\begin{bmatrix} 1 & 0 & -1 & 0 \\ 0 & 0 & 0 & 0 \\ -1 & 0 & 1 & 0 \\ 0 & 0 & 0 & 0 \end{bmatrix}$$

（2）勁度轉換矩陣

$$[k]=\frac{AE}{L}\begin{bmatrix} C^2 & CS & -C^2 & -CS \\ CS & S^2 & -CS & -S^2 \\ -C^2 & -CS & C^2 & CS \\ -CS & -S^2 & CS & S^2 \end{bmatrix}$$

3. 梁、剛架結構（不計軸向變形）

$$[k] = \begin{bmatrix} \dfrac{12EI}{L^3} & \dfrac{6EI}{L^2} & -\dfrac{12EI}{L^3} & \dfrac{6EI}{L^2} \\[2ex] \dfrac{6EI}{L^2} & \dfrac{4EI}{L} & -\dfrac{6EI}{L^2} & \dfrac{2EI}{L} \\[2ex] -\dfrac{12EI}{L^3} & -\dfrac{6EI}{L^2} & \dfrac{12EI}{L^3} & -\dfrac{6EI}{L^2} \\[2ex] \dfrac{6EI}{L^2} & \dfrac{2EI}{L} & -\dfrac{6EI}{L^2} & \dfrac{4EI}{L} \end{bmatrix}$$

（二）圖解直接勁度法：桿件勁度係數

1. 一般情況（未採遠端鉸接修正）：「4.2.6.6」、「6.6.12.12」

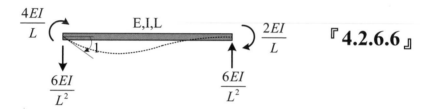

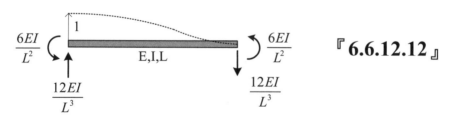

2. 採遠端鉸接修正時：「3.0.3.3」

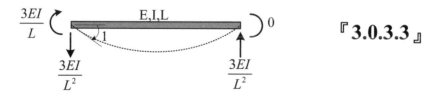

（三）解題步驟

    1. 設定自由度矩陣 $[r]$

    2. 計算外力矩陣 $[R]$

    3. 計算整體勁度矩陣 $[K]$

    4. $[r]=[K]^{-1}[R]$，可得 $[r]$

    5. 由 $[r]$ 可求出桿件對應內力

參考題解

───

一、撓曲構架如下圖，在水平桿件 BC 中央承受向下外力 P 作用。假設所有桿件 EI 值固定
且長度均為 L，軸向變形及剪力變形均可忽略。請畫結構圖並定義自由度編號，然後
建立勁度矩陣及節點外力向量，並以直接勁度法求解各自由度位移（以其他方法計算
不予計分）。接著，請繪製彎矩圖，必須標示所有桿件節點處、局部最大或最小處之
值。（25 分）

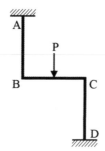

（107 結技-結構學#2）

參考題解

（一）設定如圖(a)中之結構作標（r_1，r_2）及桿件作標（q_1，q_2，q_3）。當只有$r_1 = 1$時，參圖
(b)所示，其中

$$T_{11} = T_{21} = -\frac{6EI}{L^2} \; ; \; T_{31} = 0 \; ; \; V_{BA} = -\frac{12EL}{L^3}$$

故有

$$K_{11} = \frac{12EL}{L^3} \; ; \; K_{21} = -\frac{6EI}{L^2}$$

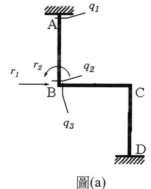

圖(a)

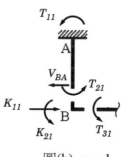

圖(b)　$r_1 = 1$

（二）當只有 $r_2 = 1$ 時，參圖(c)所示，其中

$$T_{12} = \frac{2EI}{L} \ ; \ T_{22} = \frac{4EI}{L} \ ; \ T_{32} = \frac{2EI}{L} \ ; \ V_{BA} = \frac{6EL}{L^2}$$

故有

$$K_{12} = -\frac{6EI}{L^2} \ ; \ K_{22} = \frac{6EI}{L}$$

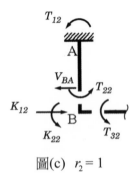

圖(c) $r_2 = 1$

（三）合併上述結果可得

$$[Q] = [T][r] = \begin{bmatrix} -6EI/L^2 & 2EI/L \\ -6EI/L^2 & 4EI/L \\ 0 & 2EI/L \end{bmatrix} \begin{bmatrix} r_1 \\ r_2 \end{bmatrix}$$

以及

$$[R] = [K][r] = \begin{bmatrix} 12EI/L^3 & -6EI/L^2 \\ -6EI/L^2 & 6EI/L \end{bmatrix} \begin{bmatrix} r_1 \\ r_2 \end{bmatrix}$$

上述之 $[K]$ 即為結構勁度矩陣。

（四）BC 段之固端內力如圖(d)所示，故有固端彎矩矩陣 $[FE]$ 為

$$[FE] = \begin{bmatrix} 0 & 0 & \dfrac{PL}{8} \end{bmatrix}^t$$

又等值節點載重如圖(e)所示，故有節點外力向量 $[R]$ 為

$$[R] = \begin{bmatrix} 0 & -\dfrac{PL}{8} \end{bmatrix}^t$$

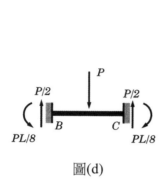

圖(d)

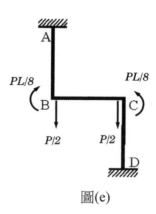

圖(e)

（五）由$[r]=[K]^{-1}[R]$得

$$\begin{bmatrix} r_1 \\ r_2 \end{bmatrix} = [K]^{-1}[R] = \begin{bmatrix} -\dfrac{PL^3}{48EI} \\ -\dfrac{PL^2}{24EI} \end{bmatrix}$$

又桿端彎矩矩陣為

$$\begin{bmatrix} M_{AB} \\ M_{BA} \\ M_{BC} \end{bmatrix} = [FE] + [T][r] = \begin{bmatrix} PL/24 \\ -PL/24 \\ PL/24 \end{bmatrix}$$

依上述結果，可得彎矩圖如圖(f)所示

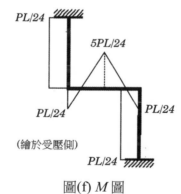

圖(f) M 圖

二、考慮圖之構架，假設各構件之軸向變形很小可以忽略，各桿件之楊氏模數都為 E、斷面二次矩都為 I 且長度都為 L；外力 P 及 Q 作用於柱之中點。如圖所示，梁 BD 接到柱 AB 採半剛性接頭，以旋轉彈簧模擬之（可當作零長度），旋轉彈簧勁度假設為 10 EI/L（EI，L 為梁、柱構件性質）。若以勁度法表示該構架平衡方程式，可寫為[K]{D} = {P}，其中{D}為位移向量，依序包括水平位移 d_1、B 點左側旋轉角 d_2、B 點右側旋轉角 d_3 及 D 點旋轉角 d_4 共四個自由度；[K]為結構勁度矩陣；{P}為外力向量。試求 [K]及{P}；求[K]前，先寫出每個元素之勁度矩陣再組合得[K]，旋轉彈簧視為一個元素。（25 分）

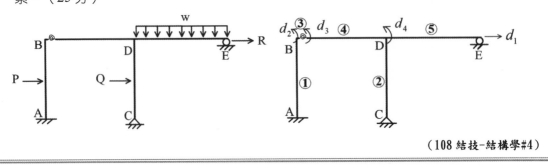

（108 結技-結構學#4）

參考題解

（一）參圖(a)中所示之廣義座標，其中視彈簧為一桿件，其兩端的桿件座標分別為 q_3 及 $-q_3$。

　　我們有

$$[q]_{7\times1} = [a][D] = \begin{bmatrix} 1/L & 0 & 0 & 0 \\ 1/L & 1 & 0 & 0 \\ 0 & 1 & -1 & 0 \\ 0 & 0 & 1 & 0 \\ 0 & 0 & 0 & 1 \\ 1/L & 0 & 0 & 1 \\ 0 & 0 & 0 & 1 \end{bmatrix} \begin{bmatrix} d_1 \\ d_2 \\ d_3 \\ d_4 \end{bmatrix}$$

　　上式中[a]為位移轉換矩陣。

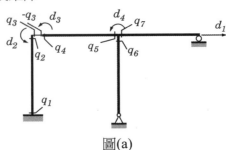

圖(a)

（二）桿件的組合勁度方程式為

$$[Q] = [k][q]$$

其中 $[k]$ 為

$$[k]_{7\times7} = \frac{EI}{L}\begin{bmatrix} \begin{bmatrix} 4 & 2 \\ 2 & 4 \end{bmatrix} & & & \\ & [10] & & \\ & & \begin{bmatrix} 4 & 2 \\ 2 & 4 \end{bmatrix} & \\ & & & [3] \\ & & & & [3] \end{bmatrix} = \frac{EI}{L}\begin{bmatrix} 4 & 2 & 0 & 0 & 0 & 0 & 0 \\ 2 & 4 & 0 & 0 & 0 & 0 & 0 \\ 0 & 0 & 10 & 0 & 0 & 0 & 0 \\ 0 & 0 & 0 & 4 & 2 & 0 & 0 \\ 0 & 0 & 0 & 2 & 4 & 0 & 0 \\ 0 & 0 & 0 & 0 & 0 & 3 & 0 \\ 0 & 0 & 0 & 0 & 0 & 0 & 3 \end{bmatrix}$$

整體結構之勁度矩陣 $[K]$ 為

$$[K] = [a]^t[k][a] = \frac{EI}{L}\begin{bmatrix} 15/L^2 & 6/L & 0 & 3/L \\ 6/L & 14 & -10 & 0 \\ 0 & -10 & 14 & 2 \\ 3/L & 0 & 2 & 10 \end{bmatrix}$$

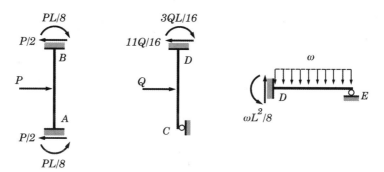

圖(b)

（三）參照圖(b)所示之固端內力，可得外力矩陣 $[P]$ 為

$$[P] = \begin{bmatrix} \dfrac{P}{2} + \dfrac{11Q}{16} + R \\ \dfrac{PL}{8} \\ 0 \\ \dfrac{3QL}{16} - \dfrac{\omega L^2}{8} \end{bmatrix}$$

（四）合併上述結果，結構之勁度方程式即為

$$\frac{EI}{L}\begin{bmatrix} 15/L^2 & 6/L & 0 & 3/L \\ 6/L & 14 & -10 & 0 \\ 0 & -10 & 14 & 2 \\ 3/L & 0 & 2 & 10 \end{bmatrix}\begin{bmatrix} d_1 \\ d_2 \\ d_3 \\ d_4 \end{bmatrix} = \begin{bmatrix} \dfrac{P}{2}+\dfrac{11Q}{16}+R \\ \dfrac{PL}{8} \\ 0 \\ \dfrac{3QL}{16}-\dfrac{\omega L^2}{8} \end{bmatrix}$$

註：勁度方程式與靜平衡方程式的物理意義並不相同，所以，上式並非靜平衡方程式。

三、請用矩陣變位法求下圖剛架各桿端力矩（桿件 a、b）。使用其他非矩陣變位法解答不計分。（假設桿件 a、b，EI/L = 1，見下圖，忽略自重）（30分）

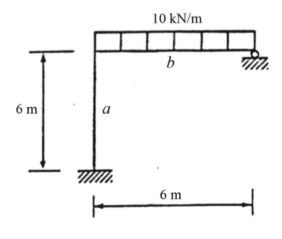

10 kN/m

b

6 m

a

6 m

（109 土技-結構分析#2）

參考題解

（一）設定 $[r]$：$[r]=\begin{bmatrix} r_1 \\ r_2 \end{bmatrix}$

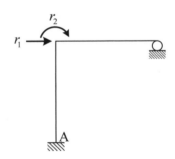

（二）計算 $[R]$ 矩陣

$$[R] = \begin{bmatrix} R_1 \\ R_2 \end{bmatrix} = \begin{bmatrix} 0 \\ 45 \end{bmatrix} \qquad \frac{1}{8} wL^2 = \frac{1}{8}(10)(6)^2 = 45$$

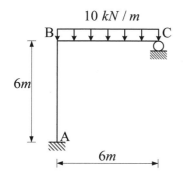
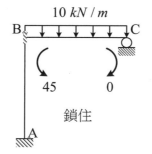
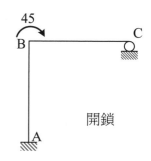

（三）計算 $[K]$ 矩陣

    1. $r_1 = 1$，$others = 0$

$$K_{11} = 12\frac{EI}{L^3} \qquad K_{21} = -6\frac{EI}{L^2}$$

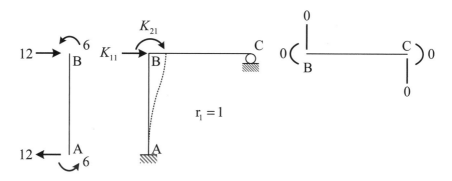

    2. $r_2 = 1$，$others = 0$

$$K_{12} = -6\frac{EI}{L^2} \qquad K_{22} = 4\frac{EI}{L} + 3\frac{EI}{L} = 7\frac{EI}{L}$$

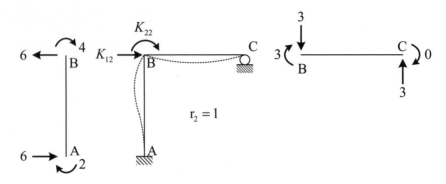

3. $[K] = \begin{bmatrix} K_{11} & K_{12} \\ K_{212} & K_{22} \end{bmatrix} = \begin{bmatrix} 12\dfrac{EI}{L^3} & -6\dfrac{EI}{L^2} \\ -6\dfrac{EI}{L^2} & 7\dfrac{EI}{L} \end{bmatrix} \Rightarrow [K]^{-1} = \begin{bmatrix} \dfrac{7}{48}\dfrac{L^3}{EI} & \dfrac{1}{8}\dfrac{L^2}{EI} \\ \dfrac{1}{8}\dfrac{L^2}{EI} & \dfrac{1}{4}\dfrac{L}{EI} \end{bmatrix}$

（四）計算 $[r]$ 矩陣

$$[r] = [K]^{-1}[R] \Rightarrow \begin{bmatrix} r_1 \\ r_2 \end{bmatrix} = \begin{bmatrix} \dfrac{7}{48}\dfrac{L^3}{EI} & \dfrac{1}{8}\dfrac{L^2}{EI} \\ \dfrac{1}{8}\dfrac{L^2}{EI} & \dfrac{1}{4}\dfrac{L}{EI} \end{bmatrix} \begin{bmatrix} 0 \\ 45 \end{bmatrix} = \begin{bmatrix} \dfrac{45}{8}\dfrac{L^2}{EI} \\ \dfrac{45}{4}\dfrac{L}{EI} \end{bmatrix}$$

（五）計算桿端彎矩（順時針為正）

$$M_{AB} = -6\dfrac{EI}{L^2} \times r_1 + \dfrac{2EI}{L} \times r_2 = -\dfrac{45}{4} \ kN-m \ (\curvearrowleft)$$

$$M_{BA} = -6\dfrac{EI}{L^2} \times r_1 + \dfrac{4EI}{L} \times r_2 = \dfrac{45}{4} \ kN-m \ (\curvearrowright)$$

$$M_{BC} = 0 \times r_1 + \dfrac{3EI}{L} \times r_2 + (-45) = -\dfrac{45}{4} \ kN-m \ (\curvearrowleft)$$

四、如圖(a)所示之二層樓平面結構，各樓層承受相同的水平力 60 kN，梁柱構架與剪力牆
在各樓層之間設置 *bc* 及 *ef* 連桿傳遞水平軸力。構架梁柱桿件的彈性模數都為 *E*，另構
架之柱桿件斷面慣性矩都為 *I*，且 $EI = 81920 \text{ kN-m}^2$，而構架之梁桿件斷面慣性矩為無
限大。如圖(b)所示剪力牆有二個自由度，已知剪力牆之力 $\{F_1, F_2\}$ 與位移$\{\Delta_1, \Delta_2\}$關

係式，採用勁度矩陣表示如下：$\begin{Bmatrix} F_1 \\ F_2 \end{Bmatrix} = (30000 \text{ } kN/m) \begin{bmatrix} 1 & -2 \\ -2 & 6 \end{bmatrix} \begin{Bmatrix} \Delta_1 \\ \Delta_2 \end{Bmatrix}$。不考慮連桿及構

架梁柱桿件的軸向變形，求圖(a)二層樓結構之各連桿的軸力、一樓剪力牆的基底剪力、
eh 柱桿件的端點彎矩及剪力。（25 分）

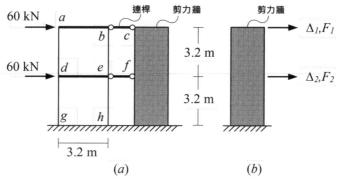

(a)

（109 結技-結構學#4）

參考題解

（一）參圖(a)所示之節點連線可得

$$\Delta_1 = -L(\phi_1 + \phi_2) \quad ; \quad \Delta_2 = -L\phi_2$$

其中 $L = 3.2 \text{ } m$。又 F_1 及 F_2 分別為

$$F_1 = k(\Delta_1 - 2\Delta_2) = kL(-\phi_1 + \phi_2)$$

$$F_2 = k(-2\Delta_1 + 6\Delta_2) = kL(2\phi_1 - 4\phi_2)$$

其中 $k = 30000 \text{ } kN/m$。

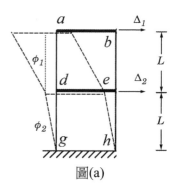

圖(a)

（二）各桿端彎矩為

$$M_{ad} = M_{da} = M_{be} = M_{eb} = -\frac{6EI}{L}\phi_1$$

$$M_{dg} = M_{gd} = M_{eh} = M_{he} = -\frac{6EI}{L}\phi_2$$

參圖(b)所示，其中

$$V_{da} = V_{eb} = -\frac{12EI}{L^2}\phi_1$$

由圖(b)水平向力平衡可得

$$-4800\,\phi_1 + 1600\,\phi_2 = 1 \qquad ①$$

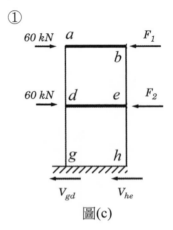

圖(c)

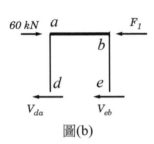

圖(b)

參圖(c)所示，其中

$$V_{gd} = V_{he} = -\frac{12EI}{L^2}\phi_2$$

由圖(c)水平向力平衡可得

$$800\,\phi_1 - 4000\,\phi_2 = 1 \qquad ②$$

（三）聯立①式及②式，解出

$$\phi_1 = \phi_2 = -0.00031\,rad\ (\circlearrowright)$$

因此可得連桿之軸力為

$$F_1 = 0 \quad ; \quad F_2 = 59.52\,kN$$

剪力牆基底剪力為

$$V = F_1 + F_2 = 59.52\,kN\ (\leftarrow)$$

eh 柱的端點彎矩為

$$M_{eh} = M_{he} = 47.616\,kN\cdot m\ (\circlearrowleft)$$

eh 柱的端點剪力為

$$V_{eh} = V_{he} = 29.76\,kN$$

五、圖顯示一懸臂梁 AB 與二力桿 BC 於 B 點鉸接處使用一螺旋彈簧連結，此彈簧勁度為
k_s，桿件 AB 之斷面性質為 EI、二力桿件 BC 為 EA。已知 B 點垂直位移及旋轉之自由
度分別為 r_1 及 r_2，相應之垂直力 R_1 為 P、彎矩 R_2 為 M。試依據圖中所示之自由度 r_1
及 r_2，以直接勁度法求此結構之勁度矩陣 $[K]_{2\times2}$；若考慮 M＝0，試求解僅有外力 P 作
用下之勁度矩陣 $[K]_{1\times1}$，並請依照 $[K]_{1\times1}$ 求解 B 點之垂直位移 Δ_B。（本題以其他方法
求解，一律不予計分。）（25 分）（已知：$EA/L = EI/L^3$；$k_s = 5\,EI/L$）

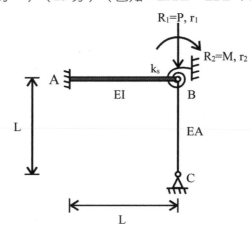

（110 高考-結構學#4）

參考題解

（一）計算 $[K]_{2\times2}$

　　1. $r_1 = 1$, $r_2 = 0$

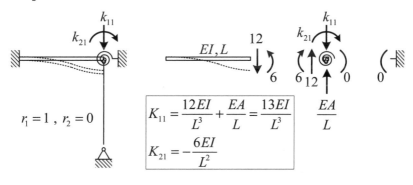

$$K_{11} = \frac{12EI}{L^3} + \frac{EA}{L} = \frac{13EI}{L^3}$$

$$K_{21} = -\frac{6EI}{L^2}$$

2. $r_2 = 1$, $r_1 = 0$

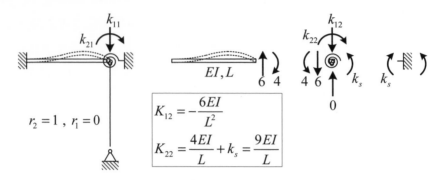

$r_2 = 1$, $r_1 = 0$

$$K_{12} = -\frac{6EI}{L^2}$$

$$K_{22} = \frac{4EI}{L} + k_s = \frac{9EI}{L}$$

3. $[K]_{2\times2} = \begin{bmatrix} k_{11} & k_{12} \\ k_{21} & k_2 \end{bmatrix} = \begin{bmatrix} \dfrac{13EI}{L^3} & -\dfrac{6EI}{L^2} \\ -\dfrac{6EI}{L^2} & \dfrac{9EI}{L} \end{bmatrix}$

（二）僅有 P 力作用時之 $[K]_{1\times1} \Rightarrow$ 意即消去 r_2 自由度後，剩下的結構矩陣（矩陣靜濃縮）

1. 將 $[K]_{2\times2}$ 的元素 $k_{12} = -\dfrac{6EI}{L^2}$ 以<u>高斯消去法</u>將它化為 0 $\Rightarrow$ 第 2 列 $\times \dfrac{2}{3L}$ 加至第 1 列

$$[K]_{2\times2} = \begin{bmatrix} \dfrac{13EI}{L^3} + \left(-\dfrac{6EI}{L^2}\right)\times\dfrac{2}{3L} & -\dfrac{6EI}{L^2} + \left(\dfrac{9EI}{L}\right)\times\dfrac{2}{3L} \\ -\dfrac{6EI}{L^2} & \dfrac{9EI}{L} \end{bmatrix} \begin{matrix} r_1 \\ \\ r_2 \end{matrix} = \begin{bmatrix} \dfrac{9EI}{L^3} & 0 \\ -\dfrac{6EI}{L^2} & \dfrac{9EI}{L} \end{bmatrix} \begin{matrix} r_1 \\ \\ r_2 \end{matrix}$$

2. $[K]_{1\times1} = \left[\dfrac{9EI}{L^3}\right] \Rightarrow [K]^{-1} = \left[\dfrac{L^3}{9EI}\right]$

3. $[r] = [K]^{-1}[R] = \left[\dfrac{L^3}{9EI}\right][P] = \left[\dfrac{PL^3}{9EI}\right]$ $\therefore \Delta_B = \left[\dfrac{PL^3}{9EI}\right]$ $(\downarrow)$

六、如圖所示一層樓建築結構，共有四根柱及四根梁，不考慮桿件的軸向變形，樓高 3.6 m，屋頂樓板視為剛性樓板（即平面內剛度無限大，而平面外的剛度則忽略不計）。構架梁柱桿件的彈性模數都為 E，其中 $C1$ 及 $C3$ 柱桿件二個方向的斷面慣性矩都為 I_d，且 $EI_d = 9720$ kN-m，$C2$ 及 $C4$ 柱 2 桿件二個方向的斷面慣性矩都為 I_e，且 $EI_e = 48600$ kN-m²，而梁桿件斷面慣性矩為無限大。四根柱在一樓柱頂各承受 Y 向水平力 27 kN，不考慮柱桿件的扭轉勁度。求 $C3$ 及 $C4$ 柱桿件，在柱底端點二個方向的剪力及柱頂二個方向的水平位移。（25 分）

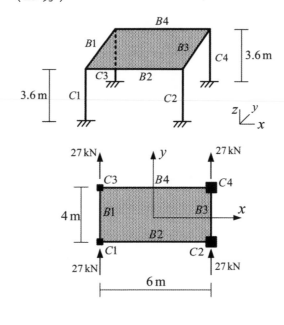

（110 結技-結構學#4）

參考題解

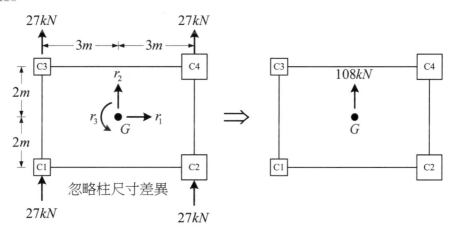

（一）設定節點位移矩陣 $[r]$ 與外力矩陣 $[R]$：$[r] = \begin{bmatrix} r_1 \\ r_2 \\ r_3 \end{bmatrix}$、$[R] = \begin{bmatrix} R_1 \\ R_2 \\ R_3 \end{bmatrix} = \begin{bmatrix} 0 \\ 108 \\ 0 \end{bmatrix}$

（二）計算勁度矩陣：$[K] = \begin{bmatrix} k_{11} & k_{12} & k_{13} \\ k_{21} & k_{22} & k_{23} \\ k_{31} & k_{32} & k_{33} \end{bmatrix}$

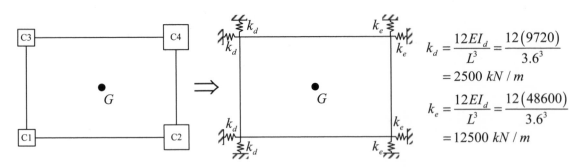

$k_d = \dfrac{12EI_d}{L^3} = \dfrac{12(9720)}{3.6^3}$
$= 2500 \ kN/m$

$k_e = \dfrac{12EI_d}{L^3} = \dfrac{12(48600)}{3.6^3}$
$= 12500 \ kN/m$

1. $r_1 = 1$，$others = 0$

   $\sum F_x = 0$，$k_{11} = 2k_d + 2k_e \Rightarrow k_{11} = 30000$

   $\sum F_y = 0$，$k_{21} = 0$

   $\sum M_G = 0$，$2k_d + 2k_e + k_{31} = 2k_d + 2k_e$

   $\therefore k_{31} = 0$

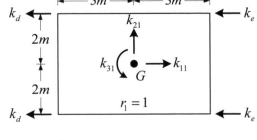

2. $r_2 = 1$，$others = 0$

   $\sum F_x = 0$，$k_{12} = 0$

   $\sum F_y = 0$，$k_{22} = 2k_d + 2k_e = 30000$

   $\sum M_G = 0$，$2k_d \times 3 + k_{32} = 2k_e \times 3$

   $\Rightarrow k_{32} = 60000$

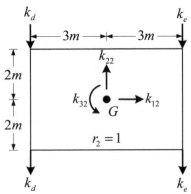

3. $r_3 = 1$，*others* $= 0$

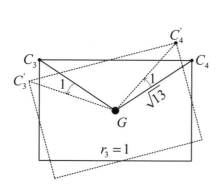

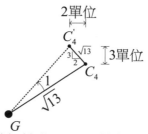

樓板轉動1單位旋轉角時，會對柱子產生
2單位的水平向位移量
3單位的垂直向位移量

$\sum F_x = 0$，$k_{13} + 2k_d + 2k_e = 2k_d + 2k_e$

$\Rightarrow k_{13} = 0$

$\sum F_y = 0$，$k_{23} + 6k_d = 6k_e$

$\Rightarrow k_{23} = 60000$

$\sum M_G = 0$

$k_{33} = 6k_e \times 3 + 6k_d \times 3 + 2k_e \times 4 + 2k_d \times 4$

$\Rightarrow k_{33} = 26k_e + 26k_d = 390000$

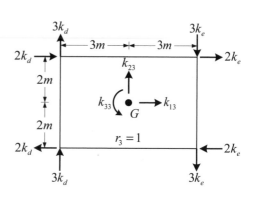

4. $[K] = \begin{bmatrix} k_{11} & k_{12} & k_{13} \\ k_{21} & k_{22} & k_{23} \\ k_{31} & k_{32} & k_{33} \end{bmatrix} = \begin{bmatrix} 30000 & 0 & 0 \\ 0 & 30000 & 60000 \\ 0 & 60000 & 390000 \end{bmatrix}$

$[K]^{-1} = \begin{bmatrix} \dfrac{1}{30000} & 0 & 0 \\ 0 & \dfrac{13}{270000} & -\dfrac{1}{135000} \\ 0 & -\dfrac{1}{135000} & \dfrac{1}{270000} \end{bmatrix}$

（三）$[r] = [K]^{-1}[R] \Rightarrow \begin{bmatrix} r_1 \\ r_2 \\ r_3 \end{bmatrix} = \begin{bmatrix} \dfrac{1}{30000} & 0 & 0 \\ 0 & \dfrac{13}{270000} & -\dfrac{1}{135000} \\ 0 & -\dfrac{1}{135000} & \dfrac{1}{270000} \end{bmatrix} \begin{bmatrix} 0 \\ 108 \\ 0 \end{bmatrix} = \begin{bmatrix} 0 \\ 0.0052 \ m \\ -0.0008 \ rad \end{bmatrix}$

（四）C3 柱頂位移與柱底剪力

1. x 向位移 $= r_1 - 2r_3 = 0 - 2(-0.0008) = 0.0016\ m\,(\rightarrow)$

   x 向剪力 $= 0.0016 \times k_d = 0.0016 \times 2500 = 4kN$

2. y 向位移 $= r_2 - 3r_3 = 0.0052 - 3(-0.0008) = 0.0076\ m\,(\uparrow)$

   y 向剪力 $= 0.0076 \times k_d = 0.0076 \times 2500 = 19kN$

（五）C4 柱頂位移與柱底剪力

1. x 向位移 $= r_1 - 2r_3 = 0 - 2(-0.0008) = 0.0016\ m\,(\rightarrow)$

   x 向剪力 $= 0.0016 \times k_e = 0.0016 \times 12500 = 20kN$

2. y 向位移 $= r_2 + 3r_3 = 0.0052 + 3(-0.0008) = 0.0028\ m\,(\uparrow)$

   y 向剪力 $= 0.0028 \times k_d = 0.0028 \times 12500 = 35kN$

七、有一桁架如下圖左所示，A 點與 C 點為鉸支撐。此桁架之位移自由度向量為 $\{D\} = \{u_1, u_2, u_3, u_4, u_5, u_6\}^T$ 如下圖右所示。假設所有桿件之楊氏係數均為 E，橫斷面面積均為 A，在 B 點受一集中力 P。請用結構矩陣法，求整體結構之勁度矩陣$[K]_{6\times 6}$、B 點之水平及垂直位移（註明位移方向）、A 點與 C 點之反力（註明作用方向）。（25 分）

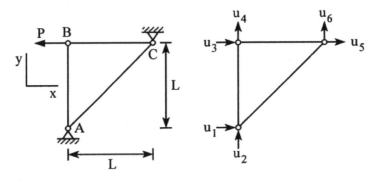

提示：

$$[k] = \frac{EA}{L}\begin{bmatrix} C^2 & CS & -C^2 & -CS \\ CS & S^2 & -CS & -S^2 \\ -C^2 & -CS & C^2 & CS \\ -CS & -S^2 & CS & S^2 \end{bmatrix},\ C = \cos\theta\ ,\ S = \sin\theta$$

（110 司法-結構分析#3）

參考題解 ///

（一）建立結構矩陣

$$[P] = [K] \times [\Delta]$$

（二）分析上圖桿件可知為有一恆零桿件及一度靜不定的結構

$$[P] = \begin{bmatrix} 0 \\ 0 \\ -P \\ 0 \\ P \\ 0 \end{bmatrix}$$

（三）勁度矩陣

$$[K] = \begin{bmatrix} 0.353 & 0.353 & 0 & 0 & -0.353 & -0.353 \\ 0.353 & 1.353 & 0 & -1 & -0.353 & -0.353 \\ 0 & 0 & 0 & 1 & -1 & 0 \\ 0 & -1 & -1 & 0 & 0 & 0 \\ -0.353 & -0.353 & -1 & 0 & 1.353 & 0.353 \\ -0.353 & -0.353 & 0 & 0 & 0.353 & 0.353 \end{bmatrix}$$

　　分析並建立反矩陣求解

$$\left(\begin{array}{cccccc|c} 0.353 & 0.353 & 0 & 0 & -0.353 & -0.353 & 0 \\ 0.353 & 1.353 & 0 & -1 & -0.353 & -0.353 & 0 \\ 0 & 0 & 0 & 1 & -1 & 0 & -1 \\ 0 & -1 & -1 & 0 & 0 & 0 & 0 \\ -0.353 & -0.353 & -1 & 0 & 1.353 & 0.353 & 1 \\ -0.353 & -0.353 & 0 & 0 & 0.353 & 0.353 & 1 \end{array} \right) \text{:主元:}$$

$$P_1 = a_{1,1} = 0.353 \in \frac{\begin{vmatrix} a_{1,1} & a_{1,j} \\ a_{i,1} & a_{i,j} \end{vmatrix}}{1} \to a_{i,j}$$

$$\begin{pmatrix} 0.353 & 0.353 & 0 & 0 & -0.353 & -0.353 & 0 \\ 0 & 0.353 & 0 & -0.353 & 0 & 0 & 0 \\ 0 & 0 & 0.353 & 0 & -1 & 0 & -0.353 \\ 0 & -1 & 0 & 0.353 & 0 & 0 & 0 \\ 0 & 0 & -0.353 & 0 & 0.353 & 0 & 0.353 \\ 0 & 0 & 0 & 0 & 0 & 0 & 0 \end{pmatrix} : 主元:$$

$$P_2 = a_{2,2} = 0.353 \in \dfrac{\begin{vmatrix} a_{2,2} & a_{2,j} \\ a_{i,2} & a_{i,j} \end{vmatrix}}{P_1} \rightarrow a_{i,j}$$

$$\begin{pmatrix} 0.353 & 0 & 0 & 0.353 & -0.353 & -0.353 & 0 \\ 0 & 0.353 & 0 & -0.353 & 0 & 0 & 0 \\ 0 & 0 & 0.353 & 0 & -0.353 & 0 & -0.353 \\ 0 & 0 & 0 & 0 & 0 & 0 & 0 \\ 0 & 0 & -0.353 & 0 & 0.353 & 0 & 0.353 \\ 0 & 0 & 0 & 0 & 0 & 0 & 0 \end{pmatrix} : 主元:$$

$$P_3 = a_{3,3} = 0.353 \in \dfrac{\begin{vmatrix} a_{3,3} & a_{3,j} \\ a_{i,3} & a_{i,j} \end{vmatrix}}{P_2} \rightarrow a_{i,j}$$

$$\begin{pmatrix} 0.353 & 0 & 0 & 0.353 & -0.353 & -0.353 & 0 \\ 0 & 0.353 & 0 & -0.353 & 0 & 0 & 0 \\ 0 & 0 & 0.353 & 0 & -0.353 & 0 & -0.353 \\ 0 & 0 & 0 & 0 & 0 & 0 & 0 \\ 0 & 0 & 0 & 0 & 0 & 0 & 0 \\ 0 & 0 & 0 & 0 & 0 & 0 & 0 \end{pmatrix}$$

利用支承特性可得

$$X = \begin{bmatrix} -x_4 + x_5 + x_6 \\ x_4 \\ -1 + x_5 \\ x_4 \\ x_5 \\ x_6 \end{bmatrix} = \begin{bmatrix} 0 \\ 0 \\ -\dfrac{PL}{EA} \\ 0 \\ 0 \\ 0 \end{bmatrix}$$

八、用結構矩陣法試決定圖示構架的節點②在水平方向位移（D1）與垂直方向位移（D2）及轉角（D3）。構件的材料楊氏係數 $E = 200\,GPa$，斷面二次矩 $I = 300 \times 10^6\,mm^4$，面積 $A = 10 \times 10^3\,mm^2$。參照圖示構件節點自由度編號，可求得構架整體的結構勁度矩陣如下：（25 分）

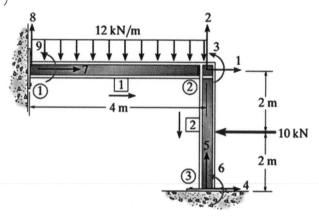

$$\mathbf{K} = \begin{bmatrix} & 1 & 2 & 3 & 4 & 5 & 6 & 7 & 8 & 9 \\ 1 & 511.25 & 0 & 22.5 & -11.25 & 0 & 22.5 & -500 & 0 & 0 \\ 2 & 0 & 511.25 & -22.5 & 0 & -500 & 0 & 0 & -11.25 & -22.25 \\ 3 & 22.5 & -22.5 & 120 & -22.5 & 0 & 30 & 0 & 22.5 & 30 \\ 4 & -11.25 & 0 & -22.5 & 11.25 & 0 & -22.5 & 0 & 0 & 0 \\ 5 & 0 & -500 & 0 & 0 & 500 & 0 & 0 & 0 & 0 \\ 6 & 22.5 & 0 & 30 & -22.5 & 0 & 60 & 0 & 0 & 0 \\ 7 & -500 & 0 & 0 & 0 & 0 & 0 & 500 & 0 & 0 \\ 8 & 0 & -11.25 & 22.5 & 0 & 0 & 0 & 0 & 11.25 & 22.5 \\ 9 & 0 & -22.5 & 30 & 0 & 0 & 0 & 0 & 25.5 & 60 \end{bmatrix} (10^6)$$

（112 高考-結構學#4）

參考題解

（一）依題意設定 $[r] = \begin{bmatrix} r_1 \\ r_2 \\ r_3 \end{bmatrix}$

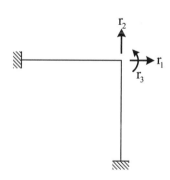

（二）計算 $[R] = \begin{bmatrix} R_1 \\ R_2 \\ R_3 \end{bmatrix} = \begin{bmatrix} -5 \\ -24 \\ 11 \end{bmatrix}$

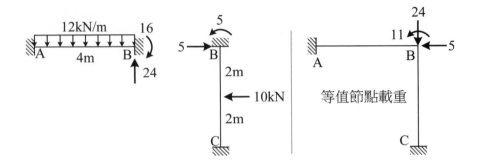

（三）計算$[K]$、$[K]^{-1}$

$$EI = 200 \times (300 \times 10^6) = 60000 \times 10^6 \ kN - mm^2 = 60000 \ kN - m^2$$

$$EA = 200 \times (10 \times 10^3) = 2 \times 10^6 \ kN$$

1. $r_1 = 1$, $others = 0$

    $$k_{11} = \frac{12EI}{L^3} + \frac{EA}{L}$$

    $$= \frac{12(60000)}{4^3} + \frac{2 \times 10^6}{4}$$

    $$= 511250 \ kN / m$$

    $$k_{21} = 0$$

    $$k_{31} = \frac{6EI}{L^2} = \frac{6(60000)}{4^2}$$

    $$= 22500 \ kN$$

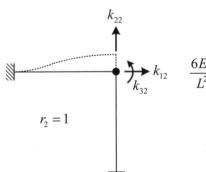

2. $r_2 = 1$, $others = 0$

    $$k_{12} = 0$$

    $$k_{22} = \frac{12EI}{L^3} + \frac{EA}{L}$$

    $$= \frac{12(60000)}{4^3} + \frac{2 \times 10^6}{4}$$

    $$= 511250 \ kN / m$$

    $$k_{32} = -\frac{6EI}{L^2} = -\frac{6(60000)}{4^2}$$

    $$= -22500 \ kN$$

3. $r_3 = 1$, *others* $= 0$

$$k_{13} = \frac{6EI}{L^2} = \frac{6(60000)}{4^2}$$
$$= 22500 \; kN$$

$$k_{23} = -\frac{6EI}{L^2} = -\frac{6(60000)}{4^2}$$
$$= -22500 \; kN$$

$$k_{32} = \frac{4EI}{L} + \frac{4EI}{L} = \frac{8EI}{L}$$
$$= \frac{8(60000)}{4}$$
$$= 120000 \; kN - m$$

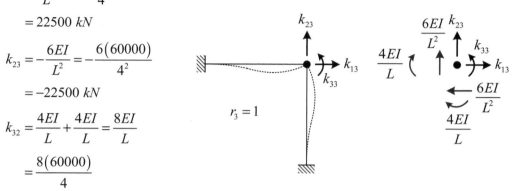

4. $[K] = \begin{bmatrix} 511250 & 0 & 22500 \\ 0 & 511250 & -22500 \\ 22500 & -22500 & 120000 \end{bmatrix} = 10^3 \begin{bmatrix} 511.25 & 0 & 22.5 \\ 0 & 511.25 & -22.5 \\ 22.5 & -22.5 & 120 \end{bmatrix}$

$$\Rightarrow [K]^{-1} = \frac{1}{10^3} \begin{bmatrix} 1.972 \times 10^{-3} & -0.0164 \times 10^{-3} & -0.373 \times 10^{-3} \\ -0.0164 \times 10^{-3} & 1.972 \times 10^{-3} & 0.373 \times 10^{-3} \\ -0.373 \times 10^{-3} & 0.373 \times 10^{-3} & 8.473 \times 10^{-3} \end{bmatrix}$$

（四）計算 $[r] = [K]^{-1}[R]$

$$\Rightarrow \begin{bmatrix} r_1 \\ r_2 \\ r_3 \end{bmatrix} = \frac{1}{10^3} \begin{bmatrix} 1.972 \times 10^{-3} & -0.0164 \times 10^{-3} & -0.373 \times 10^{-3} \\ -0.0164 \times 10^{-3} & 1.972 \times 10^{-3} & 0.373 \times 10^{-3} \\ -0.373 \times 10^{-3} & 0.373 \times 10^{-3} & 8.473 \times 10^{-3} \end{bmatrix} \begin{bmatrix} -5 \\ -24 \\ 11 \end{bmatrix} = \begin{bmatrix} -13.569 \times 10^{-6} \\ -43.143 \times 10^{-6} \\ 86.116 \times 10^{-6} \end{bmatrix}$$

（五）點 2 水平位移 $D1 = r_1 = 13.569 \times 10^{-6} \; m \; (\leftarrow)$

點 2 垂直位移 $D2 = r_2 = 43.143 \times 10^{-6} \; m \; (\downarrow)$

點 2 旋轉角 $D3 = r_3 = 86.116 \times 10^{-6} \text{rad} \; (\curvearrowleft)$

9 其他類型考題
Chapter

參考題解

一、下圖分別為三棟建築結構之樓層平面示意圖，粗線部分為剪力牆配置，試分別說明 此三種平面配置規劃用以傳遞水平載重之優缺點。（20 分）

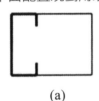

(a)

(b)

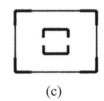

(c)

（106 結技-結構學#4）

參考題解

（一）圖(a)之剪力牆偏左，致使剛心與質心嚴重偏離，承受水平力時會造成平移及旋轉的位移。另外，除水平力之外亦會有扭矩出現，易產生扭轉剪力破壞。

（二）圖(b)之剪力牆集中於建物中央，雖然屬對稱分佈，但整體抗扭轉能力較差。

（三）圖(c)之剪力牆配置較前兩者為佳，其具有對稱分佈，剛心與質心不致嚴重偏離，較不易造成旋轉位移。且在四周角落亦有剪力牆配置，整體抗扭轉能力較佳。

二、如圖 8 層樓平面構架以貫通全樓高的剪力牆加勁,假設剪力牆提供的樓層水平勁度為
　　構架的 5 倍,且構架與剪力牆之間使用只能承受軸力的連桿連接。若各樓層承受相等
　　的水平力 F 作用,如下圖。(一)不需經過精確分析,請分別繪出構架與剪力牆所受
　　的樓層水平力分布示意圖,圖中請以虛線畫上外力 F,並依此比例標畫水平力大小,
　　以資比較。(二)請解釋題(一)中水平力分布圖的理由。(25 分)

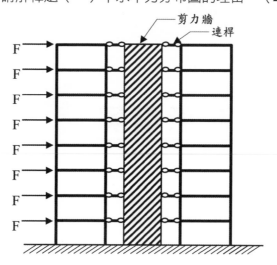

（107 結技–結構學#1）

參考題解

(一)構架與剪力牆受力如下圖所示。

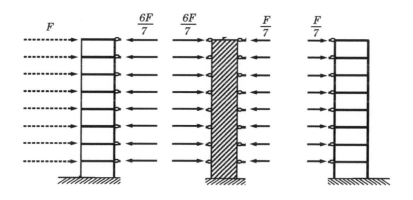

（二）如下圖所示之簡化模型作說明，三根桿件以剛性二力構件相連接。中間桿件之水平勁
度為兩側桿件的 5 倍。

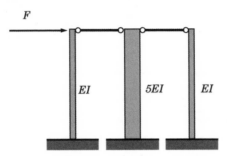

各桿受力如下圖所示，為滿足各桿件端點位移量相同之相合條件，中間桿件所受之合
力應為兩側桿件的 5 倍。亦即

$$P_1 - P_2 = 5P_2 \qquad 及 \qquad F - P_1 = P_2$$

聯立解得

$$P_1 = \frac{6F}{7} \;\; ; \;\; P_2 = \frac{F}{7}$$

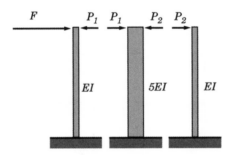

三、如圖所示構架（Frame），若每根柱之斷面尺寸皆相同，試利用懸臂梁近似法（Cantilever method）計算每根桿件兩端之彎矩（Moment）。（25分）

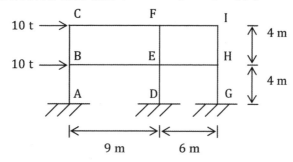

（107 三等–結構學#2）

參考題解

（一）如圖(a)所示，依懸臂樑近似法，樑及柱的中央點均為反曲點，其彎矩為零，可視為鉸接點。另外，若中性面（N.S.）距柱 DEF 為 x，則有

$$A(9-x) = Ax + A(6+x) \quad （其中 A 為柱斷面積）$$

由上式解得 $x = 1m$

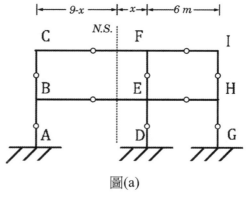

圖(a)

（二）依懸臂樑近似法可知，各柱軸力大小正比於柱至中性面的距離。因此，參圖(b)所示可得

$$8S(8) + S(1) + 7S(7) = 10(2)$$

由上式解得 $S = 0.175t$。再由平衡方程式，可解出各鉸接點之內力，結果如圖(b)中所示。

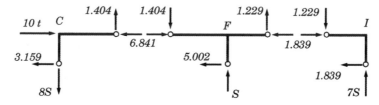

圖(b)（單位：t）

（三）同理，參圖(c)所示可得

$$8N(8) + N(1) + 7N(7) = 10(2) + 10(6)$$

由上式解得 $N = 0.702t$。再由平衡方程式，可解出各鉸接點之內力，結果如圖(c)中所示。

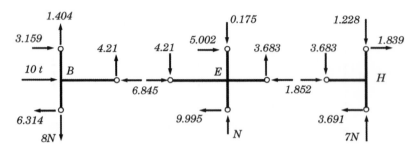

圖(c)（單位：t）

（四）由上述結果可得各桿件之桿端彎矩，並可繪彎矩圖如圖(d)所示。

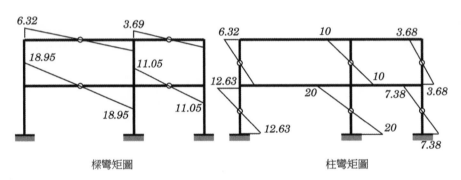

樑彎矩圖　　　　　　　　　柱彎矩圖

圖(d)M圖（單位：$t \cdot m$）（繪於受壓側）

註：懸臂法之假設條件如下：

1. 各樑及柱之中點為變形曲線的反曲點。因在反曲點處之內彎矩應為零，故相當於鉸接續。

2. 將整體結構視如固定於地面之懸臂樑，柱之軸力對斷面中性軸的合力矩，即應等於該斷面的內彎矩。且如樑斷面中之應力呈線性分佈一般，柱之軸力除以柱斷面積所得之應力，與柱至中性軸的距離成正比。

四、范倫迪爾桁架（Vierendeel Truss）實際上受力行為像是構架，因為構件彼此接合為剛接。考慮下圖之范倫迪爾桁架，其受力後各構件受彎矩之變形為一雙曲率變形，採近似分析時可假設反曲點位於各構件之中點，據此假設，分析該桁架，並繪出上下弦桿之彎矩圖、軸力圖及腹桿之彎矩圖、軸力圖。（25分）

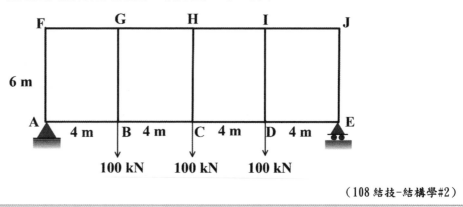

（108 結技-結構學#2）

參考題解

（一）依題意各桿中點為鉸接，由平衡方程式可得各鉸點之內力，如圖(a)所示。

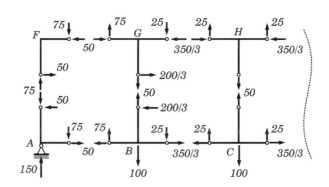

圖(a) 單位：kN

（二）上下弦之軸力如圖(b)所示。

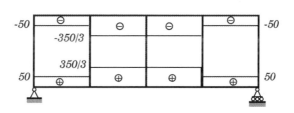

圖(b) 上下弦軸力圖(kN)

上下弦之彎矩如圖(c)所示。

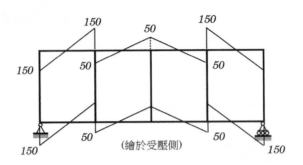

圖(c) 上下弦彎矩圖(kN · m)

（三）腹桿之軸力如圖(d)所示。

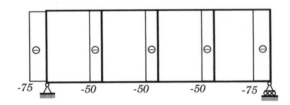

圖(d) 腹桿軸力圖(kN)

腹桿之彎矩如圖(e)所示。

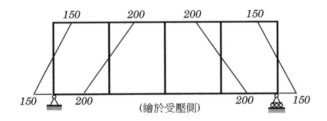

圖(e) 腹桿彎矩圖(kN · m)

五、已知圖(a)梁受垂直力 P = 10 kN 作用時，C 點垂直變位為 2 mm；圖(b)軸力桿件受水平力 N = 10 kN 作用時，E 點水平變位為 0.5 mm。試問當圖(c)之結構於 H 點受垂直力 120 kN 作用時，該點之垂直變位為何？（25 分）

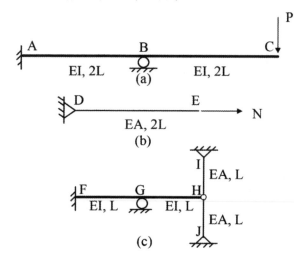

（108 三等-結構學#4）

參考題解

（一）圖(a)結構之勁度 $k_1^* \propto EI/(2L)^3$，故可令

$$k_1^* = a\left[\frac{EI}{(2L)^3}\right] = \frac{P}{\Delta_C} = \frac{10}{0.002} = 5000\,kN/m$$

其中 a 為一常數。圖(c)中樑 FGH 之勁度 k_1 為

$$k_1 = a\left[\frac{EI}{L^3}\right] = 8k_1^* = 40000\,kN/m$$

（二）圖(b)結構之勁度 k_2^* 為

$$k_2^* = \frac{EA}{2L} = \frac{N}{\Delta_E} = \frac{10}{0.0005} = 20000\,kN/m$$

故而圖(c)中二力桿件之勁度 k_2 為

$$k_2 = \frac{EA}{L} = 2k_2^* = 40000\,kN/m$$

（三）在圖(c)中 H 點施力 $F = 120\,kN$ 時，H 點位移 Δ_H 為

$$\Delta_H = \frac{F}{k_1 + 2k_2} = \frac{120}{120000} = 0.001\,m\,(\downarrow)$$

六、有一材質均勻之六邊形板尺寸如下圖所示，板中心有一 26 mm 直徑之開孔。試求此板
形心 C 與板邊界之距離 a 及 b。如 x 與 y 為通過板形心 C 之水平軸與垂直軸，試求此
板之慣性矩 I_x，I_y 及慣性矩乘積 I_{xy}。（25 分）

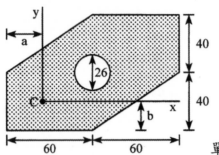

單位：mm

提示：

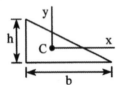

$$I_x = \frac{bh^3}{36}$$

$$I_{xy} = -\frac{b^2h^2}{72}$$

$$I_x = I_y = \frac{\pi r^4}{4}$$

（111 高考-工程力學#1）

參考題解

（一）計算 a、b

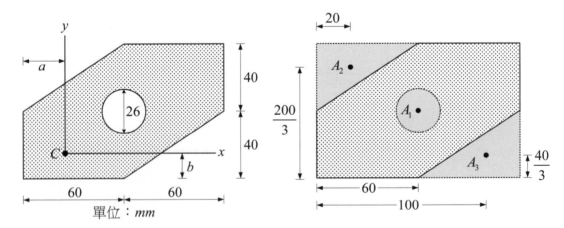

編號	A_i	x_i	y_i	x_iA_i	y_iA_i
大矩形	$A_矩 = 80 \times 120 = 9600$	$x_矩 = 60$	$y_矩 = 40$	576000	384000
①	$A_1 = -\dfrac{\pi}{4} \times 26^2 = -530.93$	$x_1 = 60$	$y_1 = 40$	–31855.8	–21237.2
②	$A_2 = -\dfrac{1}{2} \times 40 \times 60 = -1200$	$x_2 = 20$	$y_2 = \dfrac{200}{3}$	–24000	–80000
③	$A_3 = -\dfrac{1}{2} \times 40 \times 60 = -1200$	$x_3 = 100$	$y_3 = \dfrac{40}{3}$	–120000	–16000
Σ	6669.07			400144.2	266762.8

$$a = x_c = \frac{\sum x_iA_i}{\sum A_i} = \frac{400144.2}{6669.07} = 60 \ mm \qquad b = y_c = \frac{\sum y_iA_i}{\sum A_i} = \frac{266762.8}{6669.07} = 40 \ mm$$

（二）計算I_x、I_y、I_{xy}

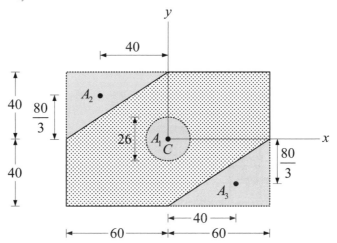

1. 計算I_x

$$I_{x,大矩} = \frac{1}{12} \times 120 \times 80^3 = 5120000 \ mm^4$$

$$I_{x,A1} = \frac{\pi}{64} \times 26^4 = 22432 \ mm^4$$

$$I_{x,A2} = I_c + Ad_2 = \frac{1}{36} \times 60 \times 40^3 + (1200) \times \left(\frac{80}{3}\right)^2 = 960000 \ mm^4$$

$$I_{x,A3} = I_c + Ad_2 = \frac{1}{36} \times 60 \times 40^3 + (1200) \times \left(\frac{80}{3}\right)^2 = 960000 \ mm^4$$

$$I_x = I_{x,大矩} - I_{x,A1} - I_{x,A2} - I_{x,A3} = 3177568 \ mm^4$$

2. 計算 I_y

$$I_{y,\text{大矩}} = \frac{1}{12} \times 80 \times 120^3 = 11520000 \ mm^4$$

$$I_{y,A1} = \frac{\pi}{64} \times 26^4 = 22432 \ mm^4$$

$$I_{y,A2} = I_c + Ad^2 = \frac{1}{36} \times 40 \times 60^3 + (1200) \times (40)^2 = 2160000 \ mm^4$$

$$I_{y,A3} = I_c + Ad^2 = \frac{1}{36} \times 40 \times 60^3 + (1200) \times (40)^2 = 2160000 \ mm^4$$

$$I_y = I_{y,\text{大矩}} - I_{y,A1} - I_{y,A2} - I_{y,A3} = 7177568 \ mm^4$$

3. 計算 I_{xy}

$$I_{xy,\text{大矩}} = 0 \qquad\qquad I_{xy,A1} = 0$$

$$I_{xy,A2} = I_{x_c y_c} + A \cdot d_x \cdot d_y = \frac{1}{72} \times 60^2 \times 40^2 + (1200) \times (-40)\left(\frac{80}{3}\right) = -1200000 \ mm^4$$

$$I_{xy,A3} = I_{x_c y_c} + A \cdot d_x \cdot d_y = \frac{1}{72} \times 60^2 \times 40^2 + (1200) \times (40)\left(-\frac{80}{3}\right) = -1200000 \ mm^4$$

$$I_{xy} = I_{xy,\text{大矩}} - I_{xy,A1} - I_{xy,A2} - I_{xy,A3} = 2400000 \ mm^4$$

七、如圖所示三層樓構架，各樓層承受水平外力，構架梁柱桿件的彈性模數都為 E，另構架之柱桿件斷面慣性矩都為 I，且 $EI = 97200\ \text{kN-m}^2$，而構架之梁桿件斷面慣性矩為無限大。不考慮構架梁柱桿件的軸向變形，求 c 點水平位移、b 點水平位移、a 點及 m 點固定端的水平反力與彎矩。（25 分）

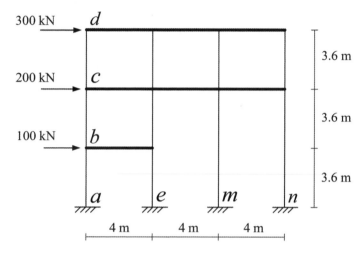

（111 結技-結構學#4）

參考題解

（一）設定 $[r]$：$[r] = \begin{bmatrix} r_1 \\ r_2 \\ r_3 \end{bmatrix}$

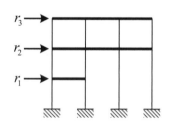

（二）計算 $[R]$：$[R] = \begin{bmatrix} R_1 \\ R_2 \\ R_3 \end{bmatrix} = \begin{bmatrix} 100 \\ 200 \\ 300 \end{bmatrix}$

（三）計算 $[K]$

1. $r_1 = 1$，$others = 0$

$$k_{11} = \frac{12EI}{3.6^3} \times 4 = 100000$$

$$k_{21} = -\frac{12EI}{3.6^3} \times 2 = -50000$$

$$k_{31} = 0$$

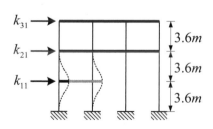

2. $r_2 = 1$，$others = 0$

$$k_{12} = -\frac{12EI}{3.6^3} \times 2 = -50000$$

$$k_{22} = \frac{12EI}{3.6^3} \times 6 + \frac{12EI}{7.2^3} \times 2 = 156250$$

$$k_{32} = -\frac{12EI}{3.6^3} \times 4 = -100000$$

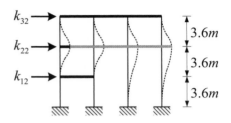

3. $r_3 = 1$，$others = 0$

$$k_{13} = 0$$

$$k_{23} = -\frac{12EI}{3.6^3} \times 4 = -100000$$

$$k_{33} = \frac{12EI}{3.6^3} \times 4 = 100000$$

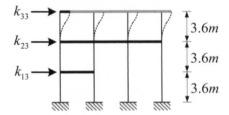

4. $[K] = \begin{bmatrix} 100000 & -50000 & 0 \\ -50000 & 156250 & -100000 \\ 0 & -100000 & 100000 \end{bmatrix} \Rightarrow [K]^{-1} = \begin{bmatrix} \dfrac{9}{500000} & \dfrac{1}{62500} & \dfrac{1}{62500} \\ \dfrac{1}{62500} & \dfrac{1}{31250} & \dfrac{1}{31250} \\ \dfrac{1}{62500} & \dfrac{1}{31250} & \dfrac{21}{500000} \end{bmatrix}$

（四）$[r] = [K]^{-1}[R] = \begin{bmatrix} \dfrac{9}{500000} & \dfrac{1}{62500} & \dfrac{1}{62500} \\ \dfrac{1}{62500} & \dfrac{1}{31250} & \dfrac{1}{31250} \\ \dfrac{1}{62500} & \dfrac{1}{31250} & \dfrac{21}{500000} \end{bmatrix} \begin{bmatrix} 100 \\ 200 \\ 300 \end{bmatrix} = \begin{bmatrix} 0.0098 \\ 0.0176 \\ 0.0206 \end{bmatrix}$

（五）$\Delta_c = r_2 = 0.0176m \ (\rightarrow)$

$\Delta_b = r_1 = 0.0098m \ (\rightarrow)$

（六）a 點水平反力與彎矩

$$V_a = \frac{12EI}{3.6^3} \times r_1 = \frac{12(97200)}{3.6^3} \times 0.0098 = 245 \ kN \ (\leftarrow)$$

$$M_a = \frac{6EI}{3.6^2} \times r_1 = \frac{6(97200)}{3.6^2} \times 0.0098 = 441 \ kN - m \ (\curvearrowleft)$$

（七）m 點水平反力與彎矩

$$V_m = \frac{12EI}{7.2^3} \times r_2 = \frac{12(97200)}{7.2^3} \times 0.0176 = 55 \ kN \ (\leftarrow)$$

$$M_m = \frac{6EI}{7.2^2} \times r_2 = \frac{6(97200)}{7.2^2} \times 0.0176 = 27.5 \ kN-m \ (\curvearrowleft)$$

八、如圖所示桁架，若所有受拉桿件之張力強度皆為 200 kN，所有受壓桿件之壓力強度皆為 100 kN，試求該桁架破壞時之外力 P 為何？（25 分）

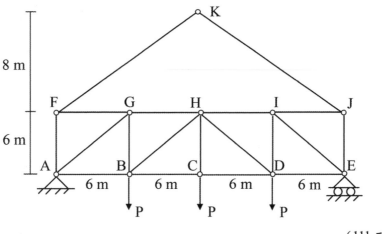

（111 三等-結構學#2）

參考題解

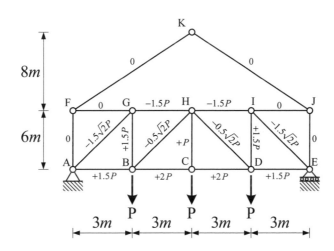

（一）若為拉力破壞，圖示桁架受到最大拉力為 2P（BC、CD 桿）

$$\therefore 2P = 200kN \ \Rightarrow P = 100 \ kN.........①$$

（二）若為壓力破壞，圖示桁架受到最大壓力為 $1.5\sqrt{2}P$ （AG、EI 桿）

$$\therefore 1.5\sqrt{2}P = 100kN \implies P = 47.14\ kN.........②$$

（三）根據①②可知：桁架破壞時之外力 $P = 47.14\ kN$ ，為 AG、EI 桿壓力破壞

九、如圖所示兩根簡支梁（AB 及 CD）上面有一塊均質板（尺寸 5 m × 25 m），該板上有兩道均布載重（方向為 Z 向），EF 線上均布載重大小為 4 kN/m，GH 線上均布載重大小為 20 kN/m。假設板重量可以忽略不計且與簡支梁之接合只能傳遞力量不能傳遞彎矩，若希望受力後整個板與梁所構成之斷面不要扭轉（對 X 軸），假設左梁與右梁材料相同，斷面都為矩形，梁寬皆為 90 cm，梁深各為 h_L、h_R，已知 $h_L = 120$ cm，試求 h_R。（25 分）

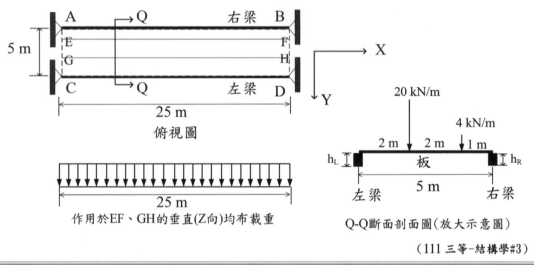

（111 三等-結構學#3）

參考題解

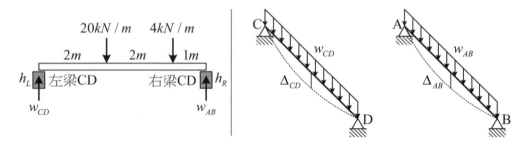

（一）計算右梁 AB 與左梁 CD 承受之均佈荷重 ⇒ 對左梁取力矩平衡

1. $\sum M_{左梁} = 0$ ， $20 \times 2 + 4 \times 4 = w_{AB} \times 5$ $\therefore w_{AB} = 11.2 \ kN/m$

2. $\sum F_y = 0$ ， $w_{AB}^{\,11.2} + w_{CD} = 20 + 4$ $\therefore w_{CD} = 12.8 \ kN/m$

（二）若要版與梁均不產生 x 向扭轉，則右梁 AB 與左梁 CD 所產生的撓度要一致

$$\Delta_{AB} = \Delta_{CD} \Rightarrow \frac{5}{384} \frac{w_{AB} L^4}{EI_{AB}} = \frac{5}{384} \frac{w_{CD} L^4}{EI_{CD}} \quad （梁長 L 均為 25 \ m）$$

$$\Rightarrow \frac{w_{AB}}{I_{AB}} = \frac{w_{CD}}{I_{CD}} \Rightarrow \frac{11.2}{\frac{1}{12} \times 90 \times h_R^{\ 3}} = \frac{12.8}{\frac{1}{12} \times 90 \times 120^3} \quad \therefore h_R = 114.78 \ cm$$

十、左右對稱的箱型梁斷面，若斷面積的形心位置在 x' 軸與 y' 軸的交點 O，如圖所示。試求箱型梁的形心位置 $\bar{y}$ 和斷面積對 x' 軸的慣性矩。（25 分）

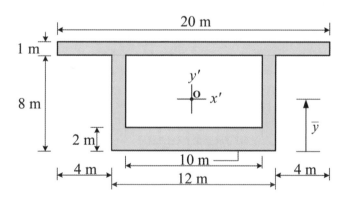

（111 普考-工程力學概要#1）

參考題解

（一）計算形心位置 $\bar{y}$

$$\bar{y} = \frac{10 \times 2 \times 1 + 1 \times 8 \times 2 \times 4 + 1 \times 20 \times 8.5}{10 \times 2 + 1 \times 8 \times 2 + 1 \times 20} = 4.536 \ m$$

（二）計算斷面積對 x' 軸的慣性矩 $I_{x'}$

$$I_{x'} = \frac{1}{3} \times 20 \times (9 - 4.536)^3 - \frac{1}{3} \times 18 \times (9 - 4.536 - 1)^3 + \frac{1}{3} \times 12 \times 4.536^3$$

$$- \frac{1}{3} \times 10 \times (4.536 - 2)^3 = 662.595 \ m^4$$

十一、桁架承受載重如圖所示，試求支承 A 的反力及桿件 BC、BD、AB、AD 所承受的力。
（25 分）

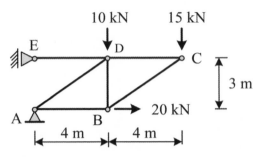

（111 普考-工程力學概要#2）

參考題解

令彎矩順時針為正、水平力向右為正、垂直力向上為正、桿件內力拉力為正

（一）整體力平衡

1. $\sum M_A = 0$，$10 \times 4 + 15 \times 8 + R_E \times 3 = 0$ $\therefore R_E = -53.33\ kN$

2. $\sum F_x = 0$，$20 + \cancel{R_E}^{-53.33} + A_x = 0$ $\therefore A_x = 33.33\ kN$

3. $\sum F_y = 0$，$-10 - 15 + A_y = 0$ $\therefore A_y = 25\ kN$

（二）C 節點水平力平衡

$\sum F_y = 0$，$-\dfrac{3}{5} S_{BC} - 15 = 0$ $\therefore S_{BC} = -25\ kN$

（三）B 節點垂直力平衡

$\sum F_y = 0$，$S_{BD} - \dfrac{3}{5} \times \cancel{S_{BC}}^{-25} = 0$ $\therefore S_{BD} = 15\ kN$

（四）A 節點力平衡

$\sum F_y = 0$，$25 + \dfrac{3}{5} S_{AD} = 0$ $\therefore S_{AD} = -41.67\ kN$

$\sum F_x = 0$，$\cancel{A_x}^{33.33} + S_{AB} + \dfrac{4}{5} \cancel{S_{AD}}^{-41.67} = 0$ $\therefore S_{AB} = 0\ kN$

十二、如下圖桁架，假設桁架所有節點皆為樞接，桿件自重不計，A 點為鉸支承，D 點為
滾接支承，請詳細計算：

（一）求出 A 點與 D 點垂直方向反力，並指出是向上或是向下。（10 分）

（二）求出桁架構件 FE, FC, BC 的內力，並指出構件是受拉力或是受壓力。（15 分）

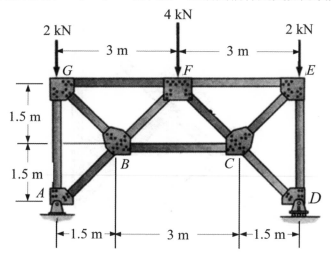

（111 普考-結構學概要與鋼筋混凝土學概要#1）

參考題解

令彎矩順時針為正、水平力向右為正、垂直力向上為正、桿件內力拉力為正

（一）整體力平衡

1. $\sum M_A = 0$ ， $4 \times 3 + 2 \times 6 - R_D \times 6 = 0$ $\therefore R_D = 4\,kN$（向上）

2. $\sum F_y = 0$ ， $-2 - 4 - 2 + \cancel{R}_D^{\,4} + A_y = 0$ $\therefore A_y = 4\,kN$（向上）

（二）D 節點力平衡

$$\sum F_x = 0 \ , \ -\frac{1}{\sqrt{2}} S_{DC} \ \therefore S_{DC} = 0kN$$

$$\sum F_y = 0 \ , \ \frac{1}{\sqrt{2}} \cancel{S}^{\,0}_{DC} + \cancel{R}^{\,4}_D + S_{DE} = 0 \ \therefore S_{DE} = -4\,kN = 4\,kN（壓）$$

（三）E 節點力平衡

$$\sum F_y = 0 \ , \ -\frac{1}{\sqrt{2}} S_{EC} - 2 - \cancel{S}^{\,-4}_{ED} = 0 \ \therefore S_{EC} = 2\sqrt{2}\,kN（拉）$$

$$\sum F_x = 0 \ , \ -\frac{1}{\sqrt{2}} \cancel{S}^{\,2\sqrt{2}}_{EC} - S_{EF} = 0 \ \therefore S_{EF} = -2kN = 2\,kN（壓）$$

（四）C 節點力平衡

$$\sum F_y = 0 \ , \ -\frac{1}{\sqrt{2}} \not{S}^{\,0}_{\,DC} + \frac{1}{\sqrt{2}} \not{S}^{\,2\sqrt{2}}_{\,EC} + \frac{1}{\sqrt{2}} S_{FC} = 0 \ \therefore S_{FC} = -2\sqrt{2} \ kN = 2\sqrt{2} \ （壓）$$

$$\sum F_x = 0 \ , \ \frac{1}{\sqrt{2}} \not{S}^{\,2\sqrt{2}}_{\,EC} - \frac{1}{\sqrt{2}} \not{S}^{\,-2\sqrt{2}}_{\,FC} + \frac{1}{\sqrt{2}} \not{S}^{\,0}_{\,DC} - S_{BC} = 0 \ \therefore S_{BC} = 4 \ kN （拉）$$

十三、如下圖所示之三層樓平面結構，各樓層樓板承受不同的水平力，由下而上依序為 300、450 及 600 kN 分別施加於各樓層樓板之兩端。構架中配置斜撐桿件，斜撐與梁桿件於梁桿件中央處連接位置留有間距，並定義此部分為「連梁」桿件，連梁與梁桿件之斷面相同且為連續。構架中梁、柱與斜撐所形成之三角型區域勁度相對較大，可視為剛性區域，而各樓層連梁桿件之剛度皆為 EI。若於該受力情況下構架頂端之水平側向位移為 6 cm 時，不需經過精確分析，試推估各樓層連梁桿件端部旋轉變形角為何？（25 分）

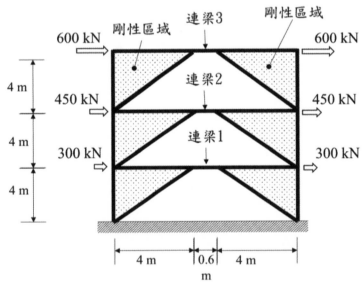

（112 結技-結構學#4）

參考題解

（一）各樓層「層間剪力 V_i」

$$V_{1F} = 600 \times 2 + 450 \times 2 + 300 \times 2 = 2700 \ kN$$

$$V_{2F} = 600 \times 2 + 450 \times 2 = 2100 \ kN$$

$$V_{3F} = 600 \times 2 = 1200 \ kN$$

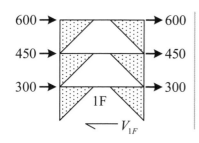
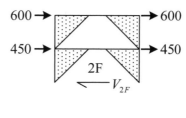
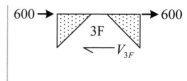

（二）各樓層「層間變位 Δ_i」$\Rightarrow$ 與「層間剪

力 V_i」成正比

$\Delta_{1F} : \Delta_{2F} : \Delta_{3F} = V_{1F} : V_{2F} : V_{3F}$

$= 2700 : 2100 : 1200$

$= 9 : 7 : 4$

$\Delta_{1F} = \dfrac{9}{9+7+4} \Delta = \dfrac{9}{20}(6) = 2.7 \ cm$

$\Delta_{2F} = \dfrac{7}{9+7+4} \Delta = \dfrac{7}{20}(6) = 2.1 \ cm$

$\Delta_{3F} = \dfrac{4}{9+7+4} \Delta = \dfrac{4}{20}(6) = 1.2 \ cm$

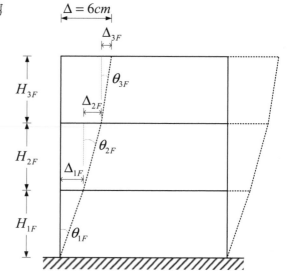

（三）剛性區域的旋轉角 $\theta_i = \dfrac{\Delta_i}{H_i}$，其中 H_i 為各樓層高

$\theta_{1F} = \dfrac{\Delta_{1F}}{H_{1F}} = \dfrac{2.7}{400} = 6.75 \times 10^{-3}$

$\theta_{2F} = \dfrac{\Delta_{2F}}{H_{2F}} = \dfrac{2.1}{400} = 5.25 \times 10^{-3}$

$\theta_{3F} = \dfrac{\Delta_{3F}}{H_{3F}} = \dfrac{1.2}{400} = 3 \times 10^{-3}$

（四）連桿端部旋轉角 γ_i

1. 變位幾何關係：

$$\left.\begin{array}{l} \overline{OA'} = 4\theta_i + 4.6\theta_i \\ \overline{OA'} = 0.6\gamma_i \end{array}\right\} \Rightarrow 4\theta_i + 4.6\theta_i = 0.6\gamma_i$$

$$\therefore \gamma_i = \left(\frac{8.6}{0.6}\right)\theta_i$$

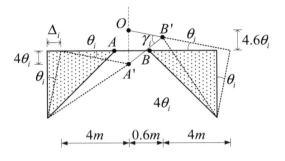

2. 各樓層連桿旋轉角

$$\gamma_{1F} = \left(\frac{8.6}{0.6}\right)\theta_{1F} = \left(\frac{8.6}{0.6}\right)6.75 \times 10^{-3} = 0.09675$$

$$\gamma_{2F} = \left(\frac{8.6}{0.6}\right)\theta_{2F} = \left(\frac{8.6}{0.6}\right)5.25 \times 10^{-3} = 0.07525$$

$$\gamma_{3F} = \left(\frac{8.6}{0.6}\right)\theta_{3F} = \left(\frac{8.6}{0.6}\right)3 \times 10^{-3} = 0.043$$

十四、下圖之結構，水平力 800 N 作用於 A 點，使得 AC 桿產生 1000 N 的壓力，則 AB 桿

及 AC 桿之夾角 $\theta = ?$ 又 AB 桿的內力 $F_{AB} = ?$ （25 分）

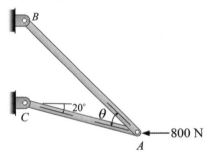

（112 普考-工程力學概要#1）

參考題解

$$1000 = F_{AC}$$

（一）$\sum F_x = 0$ ， $800 \times \cos 20° + F_{AB} \times \cos\theta = 1000 \Rightarrow F_{AB} \times \cos\theta = 248.25$........①

$\sum F_y = 0$ ， $800 \times \sin 20° = F_{AB} \times \sin\theta \Rightarrow F_{AB} \times \sin\theta = 273.62$.......②

（二）$\dfrac{②}{①} \Rightarrow \dfrac{F_{AB}\sin\theta}{F_{AB}\cos\theta} = \dfrac{273.62}{248.25} \Rightarrow \tan\theta = 1.102 \quad \therefore \theta = 47.78°$

（三）將 θ 帶回① 式 $\Rightarrow F_{AB} \times \cos\theta^{47.78°} = 248.25 \quad \therefore F_{AB} = 369.43\ N$

十五、如圖示平面桁架（truss）在 A 點設有鉸支承（pin support）而 C 點為滾支承（roller），
且作用在 F 點的水平向外力 $P_1 = 9$ kN，而作用在 B 點的垂直向外力 $P_2 = 15$ kN。

（一）試找出上述桁架中不受力的構件，
即所謂的零力桿件（zero-force
member (s)）。（15 分）

（二）試說明零力桿件存在之必要性或
所可能發揮的作用。（10 分）

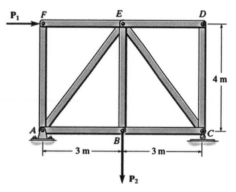

（112 普考-結構學概要與鋼筋混凝土學概要#1）

參考題解

（一）零力桿：AF、CD、DE 桿

（二）零桿為受力時，桿件內力恰為零之桿件，不可將其隨意
去除，否則在其他受力情況時結構將無法維持穩定平
衡，其發揮的作用為：

1. 縮短桿件長度，降低桿件挫曲的可能。

2. 提供該處側撐的束制功能。

3. 避免該處產生不必要的位移。

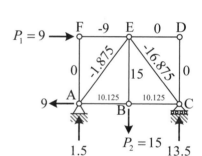

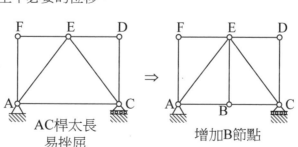

AC桿太長
易挫屈

增加B節點

讀者回函卡

年　　　月　　　日

※ 請寄回讀者回函卡。讀者如考上國家相關考試，**我們會頒發恭賀獎金。**

讀者姓名：

手機：　　　　　　　　　　　　市話：

地址：　　　　　　　　　　　　E-mail：

學歷：□高中　□專科　□大學　□研究所以上

職業：□學生　□工　□商　□服務業　□軍警公教　□營造業　□自由業　□其他_____

購買書名：

您從何種方式得知本書消息？

□九華網站　□粉絲頁　□報章雜誌　□親友推薦　□其他_____

您對本書的意見：

內　　　容　　□非常滿意　□滿意　□普通　□不滿意　□非常不滿意

版面編排　　□非常滿意　□滿意　□普通　□不滿意　□非常不滿意

封面設計　　□非常滿意　□滿意　□普通　□不滿意　□非常不滿意

印刷品質　　□非常滿意　□滿意　□普通　□不滿意　□非常不滿意

※ 讀者如考上國家相關考試，**我們會頒發恭賀獎金。**如有新書上架也盡快通知。
　　謝謝！

廣　告　回　信

台北郵局登記證

台北廣字第 04586 號

台北市私立九華

短期職業補習班

工商土木建築

收

100-78

台北市中正區南昌路一段 161 號 2 樓

106-112 年結構學（題型整理＋考題解析）

編 著 者：九華土木建築補習班

發 行 者：九樺出版社

地　　址：台北市南昌路一段 161 號 2 樓

網　　址：http://www.johwa.com.tw

電　　話：（02）2351－7261~4

傳　　真：（02）2391－0926

定　　價：新台幣　550　元

I S B N：978-626-97884-3-9

出版日期：中華民國一一三年七月出版

官方客服：LINE ID：@johwa

總 經 銷：全華圖書股份有限公司

地　　址：23671 新北市土城區忠義路 21 號

電　　話：（02）2262-5666

傳　　真：（02）6637-3695、6637-3696

郵政帳號：0100836-1 號

全華圖書：http://www.chwa.com.tw

全華網路書店：http://www.opentech.com.tw